AutoCAD

2022 室内设计
从入门到精通

缪丁丁　郑正军◎编著

U0222801

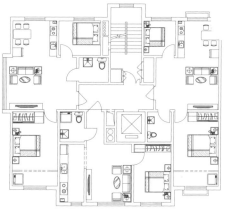

化学工业出版社

·北京·

内 容 简 介

本书是作者总结 AutoCAD 绘图课程精华，并结合全网 300 多万粉丝喜欢的 AutoCAD 技能、难点和痛点，编写的一本 AutoCAD 入门教程。随书赠送 700 多分钟的同步教学视频，读者用手机扫描书中二维码即可观看，轻松学习。

本书案例以室内设计为主，全面介绍了 AutoCAD 的各种核心功能与操作技法，从基础的 CAD 绘图工具开始讲起，再到具体的图案填充、图块、标注尺寸及文字的设置，对于室内衣柜、鞋柜、酒柜及橱柜的绘制也进行了详细讲解，最后通过室内平面图、立面图、剖面图案例的实操讲解，帮助大家快速绘制出全套家装与工装设计图纸，从入门到精通 AutoCAD 室内设计。

本书结构清晰、语言简洁，特别适合 AutoCAD 的初、中级读者，特别是想学习室内设计的读者，同时，对环境设计、建筑设计人员等也有较高的参考价值，还可作为高等院校相关专业师生、室内设计培训班学员、室内装潢爱好者与自学者的学习参考书。

图书在版编目（CIP）数据

AutoCAD 2022室内设计从入门到精通 / 缪丁丁, 郑正军编著. —北京: 化学工业出版社, 2022.4

ISBN 978-7-122-40706-1

Ⅰ.①A… Ⅱ.①缪… ②郑… Ⅲ.①室内装饰设计—AutoCAD软件 Ⅳ.①TU238.2-39

中国版本图书馆CIP数据核字(2022)第023095号

责任编辑：李 辰 孙 炜　　　　　　　封面设计：异一设计
责任校对：田睿涵　　　　　　　　　　　装帧设计：盟诺文化

出版发行：化学工业出版社（北京市东城区青年湖南街 13 号　邮政编码 100011）
印　　装：北京瑞禾彩色印刷有限公司
787mm×1092mm　1/16　印张16¼　字数400千字　2022年8月北京第1版第1次印刷

购书咨询：010-64518888　　　　　　　　售后服务：010-64518899
网　　址：http://www.cip.com.cn
凡购买本书，如有缺损质量问题，本社销售中心负责调换。

定　　价：99.00元
版权所有　违者必究

大咖推荐

安　勇｜教授，硕士生导师，湖南省设计艺术家协会副主席，湖南省室内装饰协会副会长，湖南中诚设计装饰工程有限公司董事、总设计师

作者由浅到深、层层递进地讲解了AutoCAD的核心技能与绘图技法。从实践中来，到实践中去，是本书最大的亮点，就像丁丁老师一样实诚！

李婷婷｜副教授，硕士生导师，现任吉首大学美术学院院长，省级青年骨干教师，湖南省设计艺术家协会副秘书长，张家界市美术家协会会员

本书的读者是幸运的，在本书中将能领悟一个从业十余年资深室内设计师对AutoCAD室内施工图独到而系统的理解。

赵文卓｜吉大教育联合创始人、教务总监

丁丁老师为人谦逊，学术精湛，他的实干精神让我倍受鼓舞。这本书全书内容都是干货，相信大家认真学习之后，将很快走上更大的舞台。

尤　越｜抖音/今日头条专栏运营

丁丁老师自从入驻抖音/今日头条专栏等平台以来，收获了百万粉丝，课程也一路畅销。作为我们平台的爆款课作者，丁丁老师一直坚持更新，创新内容，得到了广大粉丝的认同。他的AutoCAD课程及书籍，推荐大家学习！

王　丽 | 爱奇艺教育运营总监

　　作为我们爱奇艺教育平台邀请的讲师，丁丁老师的AutoCAD课程系统完善，实操口碑一直不错。相信本书对各位读者学习AutoCAD制图的相关内容会更加方便、实用，绘图技能一定会得到提升，并且出图效率会更高。

叶佳丽 | 腾讯微视MCN运营

　　丁丁老师作为腾讯微视的优质"知识自媒体"创作者，用过硬的AutoCAD专业技巧让众多学员一路成长。如果你也想更简单、更高效地学习AutoCAD绘图技能，丁丁老师是一个不错的选择。

虎课网

　　作为虎课室内板块的优质讲师，丁丁老师的课程制作精良，讲解深入浅出，深受学生好评。希望丁丁老师可以一直输出更多、更好的课程内容，继续让更多学生受益。

勤学网课程运营

　　丁丁老师拥有丰富的教学经验，他的课程思路清晰，尤其是AutoCAD室内设计的系列课程，在我们勤学网平台一经推出，广受学员好评，是一套值得推广的书籍。

彭思维 | 吉首大学美术学院19级学生

　　丁丁老师是我们艺术设计专业的老师，我们都很喜欢他和他的课程。丁丁老师教学认真负责又不失风趣，每次听老师的课总是能收获满满，他是一位对工作充满热情而又专注的优秀老师。

序　言

写作驱动

我为什么要写这样一本书？

在设计与制造业深度融合，以设计创新赋能实体经济的今天，AutoCAD 成了现代化工程设计、建筑、装修装饰业、制造业、电器和电子电路、仿真模拟和动画制作等领域的一门主流软件。随着人们生活及生活方式的改变，AutoCAD 早已经融入人们生活的每一个角落，几乎在任何地方都有 AutoCAD 的应用。

它不仅在机械、电子、电气、轻工和纺织等领域大放异彩，而且在工程建筑、环境艺术设计、室内设计等领域的作用也不容小觑。尽管目前计算机辅助设计领域，尤其是建筑相关领域出现了具有一定创新性的软件，如 BIM 等，在其应用领域具备相当的优势，但 AutoCAD 作为各类领域制图的基石没有改变，自身也在不断地迭代优化。

随着 AutoCAD 从最初的二维通用绘图软件发展到如今的三维建模、渲染等，使其更加成熟和智能，这不仅可以保证设计质量，还能在实际工作场景中缩短周期，提高经济效益。正因为如此，AutoCAD 的应用也越来越广泛。

以我在 AutoCAD 应用领域的工作经验来说，AutoCAD 软件入门技术远比想象中简单，新手觉得它比较神秘，尤其是看见密密麻麻的线条让人发晕，其实主要是缺乏正确的学习方法和重点知识点的突破。

实际上，AutoCAD 常用的功能不多，学习的工作量和时间成本都较低，难的是图纸中每根线、每个尺寸甚至每个颜色背后的意义。因为这其中涉及人体工程学、材料、工艺、结构等，这才是每个人一辈子都要不断学习的。

基于这些原因，我编写了这本《AutoCAD 2022 室内设计从入门到精通》，并且配套赠送相关的视频教程，还有学习交流群等，带领大家来学习使用 AutoCAD 制图技术背后的知识，让大家一步一个脚印，分步骤、分阶段地学习 AutoCAD，力争做一个终身学习 AutoCAD 的使用者。

本书特色

1. 以实践为主，理论与实践相结合

现阶段，人们学习 AutoCAD 绘图技术不是单纯地去应付考试，也不是为了撰写论文，而是真正学会 AutoCAD 设计制图，因此本书起到了辅导实践的作用。通过每一章的讲解，目的不是让大家记住那些理论，而是让大家知道去如何实际操作。了解使用方法后，大家就可以真正地实际操作，学以致用，从而达到学习和掌握的目的。

2. 科学的学习方法，由浅入深，循序渐进

众多初学者不知道该如何学习 AutoCAD，本书为大家制定了一套非常科学的学习方法和思路，只要跟紧书中的章节，掌握案例中涉及的知识点，按照书中的要求去实践，很快就能将 AutoCAD 技术学以致用。

3. 67 个专家提醒放送，提高读者学习效率

作者在编写本书时，将平时工作中总结的 AutoCAD 2022 的实战技巧、心得体会与设计经验等毫无保留地奉献给读者，不仅大大地丰富和提高了本书的含金量，更方便了读者提升实战技巧与经验，从而提高学习与工作效率，学有所成。

4. 本书有配套视频教程，时长将近 12 小时

除了纸质书本，本书还有视频教程，手把手教学习者去实践和操作，为大家提供了一个更加生动的学习方法。作者将本书的技能实例全部录制成带语音讲解的演示视频，时长将近 12 小时，重现书中所有技能，读者既可以结合本书内容和视频进行学习，也可以独立观看视频演示，像看电影一样，让整个学习过程既轻松又高效。

5. 提供了学习锦囊，与师哥师姐一起学习 AutoCAD

对于初学者而言，相信许多人和我刚接触 AutoCAD 一样，大学里虽然开设了这门课程，但是上完课就忘了，只留下一些简单的印象。为了解决这个问题，本书内容的编写由易到难，相关章节跨度并不大，并且相互之间均有联系，让读者学习起来没有那么吃力。

购买这本书的读者可以加我微信：252860325。

凭购买截图，大家还可以加入吉首大学设计教育 VIP 学院 QQ 群，群内更有师哥、师姐倾囊相授，带你走向 AutoCAD 成功之路，并且获取更多的学习资料。

本书编者

感谢各位读者从茫茫书海中选择了我的作品，我由衷感谢读者朋友们多年来的关心和鼎力相助，感谢大家给予我的理解和厚爱。没有大家的支持，我不可能取得今天的成就。我永远感谢曾经帮助和支持过我的、相识的和不相识的同志和朋友。

本书配套视频教程的作者郑正军老师也给此书提供了建议和帮助，在此特意感谢。由于时间仓促，作者水平有限，书中难免存在疏漏与不妥之处，热切期望得到专家和读者们的批评指正。

缪丁丁

目　录

第 1 章
AutoCAD 2022 新手入门

　　AutoCAD 2022 是由美国 Autodesk 公司推出的 AutoCAD 的最新版本，它是一款计算机辅助绘图与设计软件，具有功能强大、易于掌握及使用方便等特点，能够用来绘制二维与三维图形、标注图形尺寸、渲染图形及打印输出图纸等。本章主要讲解 AutoCAD 2022 的基础知识，希望读者熟练掌握本章内容，为后面的学习奠定良好的基础。

本章重点

- 启动与退出 AutoCAD 2022
- 掌握 AutoCAD 2022 的基本操作
- 认识 AutoCAD 2022 的工作界面
- 掌握 AutoCAD 的一些快捷键

1.1 启动与退出AutoCAD 2022

用户安装好软件后，要使用AutoCAD绘制和编辑图形，首先需要启动AutoCAD 2022软件。本节主要向读者介绍启动与退出AutoCAD 2022的操作方法。

1.1.1 启动 AutoCAD 2022 ....

扫码看教程 ▶

在设计图形文件之前，首先需要启动AutoCAD 2022软件，具体的操作方法如下。

步骤 01 将移动鼠标指针至桌面上的AutoCAD 2022图标上，在图标上单击鼠标右键，在弹出的快捷菜单中选择"打开"命令，如图1-1所示。

步骤 02 弹出AutoCAD 2022程序启动界面，显示程序启动信息，如图1-2所示。

图 1-1　选择"打开"命令

图 1-2　显示程序启动信息

步骤 03 稍等片刻，即可进入AutoCAD 2022的程序界面，如图1-3所示。

图 1-3　进入 AutoCAD 2022

★ 专家指点 ★

用户还可以通过以下两种方法启动 AutoCAD 2022。

· 命令：单击"开始"按钮，选择 Autodesk 2022 ｜ AutoCAD 2022 命令。

· 文件：双击 DWG 格式的 AutoCAD 文件。

1.1.2 退出 AutoCAD 2022

若用户完成了图形设计工作，则需要退出AutoCAD 2022，下面介绍具体的操作方法。

步骤01 启动AutoCAD 2022后，单击"菜单浏览器"按钮 **A·**，在弹出的菜单列表中，单击"退出Autodesk AutoCAD 2022"按钮，如图1-4所示。

步骤02 执行操作后，即可退出AutoCAD 2022应用程序。若在工作界面中进行了部分操作，之前也未保存，在退出该软件时将弹出信息提示框，如图1-5所示，根据需要进行操作即可。

图 1-4 单击"退出 Autodesk AutoCAD 2022"按钮

图 1-5 信息提示框

1.2 认识AutoCAD 2022的工作界面

AutoCAD 2022包含3个工作界面，分别是"草图与注释""三维基础""三维建模"。在"草图与注释"工作界面中，其界面主要由菜单浏览器、标题栏、快速访问工具栏、绘图区及功能区等部分组成，如图1-6所示。

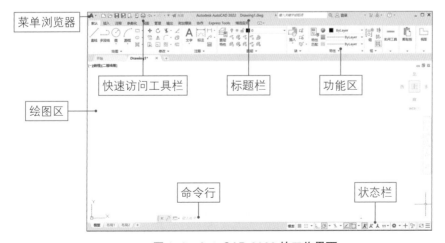

图 1-6 AutoCAD 2022 的工作界面

1.2.1 标题栏

标题栏位于应用程序窗口的最上方，用于显示当前正在运行的程序及文件名等信息，如图1-7所示为AutoCAD 2022的标题栏。

图 1-7　AutoCAD 2022 的标题栏

单击标题栏右侧按钮组中的按钮 ─ □ ×，可以最小化、最大化或关闭应用程序窗口。在标题栏的空白处单击鼠标右键，在弹出快捷菜单中可以执行最小化或最大化窗口、还原窗口，以及关闭AutoCAD等操作。

1.2.2 菜单浏览器

"菜单浏览器"按钮 **A** 位于工作界面左上角。单击该按钮，将弹出AutoCAD菜单，如图1-8所示，其中几乎包含了AutoCAD的全部功能和命令，用户单击其中的命令后即可执行相应的操作。

图 1-8　AutoCAD 菜单

★ 专家指点 ★

单击"菜单浏览器"按钮 **A**，在弹出的菜单列表中的"搜索"文本框中输入关键字，然后单击"搜索"按钮，即可以显示与关键字相关的命令。

1.2.3 快速访问工具栏

AutoCAD 2022的快速访问工具栏中包含最常用操作的快捷按钮，方便用户使用。在默认状态下，快速访问工具栏中包含9个快捷按钮，如图1-9所示，分别为"新建"按钮、"打开"按钮、"保存"按钮、"另存为"按钮、"从Web和Mobile中打开"按钮、"保存到Web和Mobile"按钮、"打印"按钮、"放弃"按钮和"重做"按钮。

图 1-9 **快速访问工具栏**

如果想在快速访问工具栏中添加或删除其他按钮，可以在快速访问工具栏上单击鼠标右键，在弹出的快捷菜单中选择"自定义快速访问工具栏"命令，在弹出的"自定义用户界面"对话框中进行设置。

★ 专家指点 ★

单击快速访问工具栏右侧的下三角按钮，在弹出的列表中选择"显示菜单栏"选项，就可以在工作空间中显示菜单栏。

1.2.4 功能区

功能区位于绘图窗口上方。在"草图与注释"工作界面中，功能区有11个选项卡，即默认、插入、注释、参数化、视图、管理、输出、附加模块、协作、Express Tools及精选应用。每个选项卡中包含若干个面板，每个面板中又包含许多命令和按钮，如图1-10所示。

图 1-10 **功能区**

1.2.5 绘图区

绘图区是用户绘制图形时的工作区域，用户可以通过LIMITS命令设置显示在屏幕上的绘图区域的大小，也可以根据需要关闭其他窗口元素，例如工具栏、选项板等，以增大绘图空间。如果图纸比较大，需要查看未显示的部分时，可以单击绘图区右边与下边滚动条上的箭头，或拖曳滚动条上的滑块来移动图纸。

绘图区左下方显示的是系统默认的世界坐标系图标。绘图区底部显示了"模型""布局1""布局2"3个选项卡，用户可以在模型空间及图纸空间之间自由切换。

1.2.6 命令窗口

命令窗口位于绘图区底部，用于接收输入的命令，并显示AutoCAD提示信息，如图1-11所示。

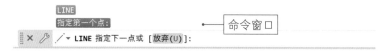

图 1-11 AutoCAD 2022 的命令窗口

在AutoCAD 2022中，可以拖曳命令窗口使其成为浮动状态。处于浮动状态的命令窗口随拖曳位置的不同，其标题显示的方向也不同。如果将命令窗口拖到绘图区的右侧，这时命令窗口的标题栏将位于右边。

1.2.7 状态栏

状态栏位于AutoCAD 2022工作界面的最下方，如图1-12所示，用户可以图标或文字的形式查看图形工具按钮，通过捕捉工具、极轴工具、对象捕捉工具和对象追踪工具的快捷菜单，可以轻松地更改这些绘图工具的设置。

图 1-12 AutoCAD 2022 的状态栏

1.3 掌握AutoCAD 2022的基本操作

要学习AutoCAD 2022软件的使用，首先需掌握AutoCAD 2022的基本操作，包括新建图形文件、打开图形文件、保存图形文件、另存为图形文件及关闭图形文件等，下面向读者介绍图形文件的基本操作。

1.3.1 新建图形文件

扫码看教程▶

启动AutoCAD 2022之后，系统将自动新建一个名为Drawing1的图形文件，该图形文件默认以acadiso.dwt为模板，用户也可以根据需要新建图形文件，以完成相应的绘图操作。

步骤 01 启动AutoCAD 2022后，单击"菜单浏览器"按钮，在弹出的菜单列表中单击"新建"按钮，如图1-13所示。

步骤02 弹出"选择样板"对话框,在列表框中选择相应选项,如图1-14所示。

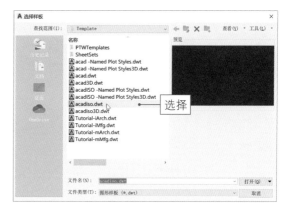

图 1-13 单击"新建"命令   图 1-14 选择 acadiso.dwt 选项

步骤03 单击"打开"按钮,即可新建图形文件。

★ **专家指点** ★

用户还可以通过以下 3 种方法,新建图形文件。

·命令:在命令行中输入 NEW(新建)命令,并按【Enter】键确认。

·快捷键:按【Ctrl+N】组合键。

·工具栏:单击快速访问工具栏中的"新建"按钮☐。

使用以上任意一种方法,均可弹出"选择样板"对话框。

1.3.2 打开图形文件

扫码看教程▶

若计算机中已经保存了AutoCAD文件,可以将其打开进行查看和编辑。下面介绍打开图形文件的操作。

步骤01 在AutoCAD 2022工作界面中,单击"菜单浏览器"按钮,在弹出的菜单列表中选择"打开"|"图形"命令,如图1-15所示。

步骤02 弹出"选择文件"对话框,在"查找范围"下拉列表框中选择素材所在位置,在中间的列表框中选择需要打开的素材图形(资源\素材\第1章\餐桌.dwg),如图1-16所示。

★ **专家指点** ★

用户还可以通过以下 3 种方法,打开图形文件。

·命令:在命令行中输入 OPEN(打开)命令,并按【Enter】键确认。

·快捷键:按【Ctrl+O】组合键。

·工具栏：单击快速访问工具栏的"打开"按钮 ▭。

使用以上任意一种方法，均可弹出"选择文件"对话框。

图1-15　选择"图形"命令

图1-16　选择需要打开的素材图形

步骤 03 单击"打开"按钮，即可打开素材图形，如图1-17所示。

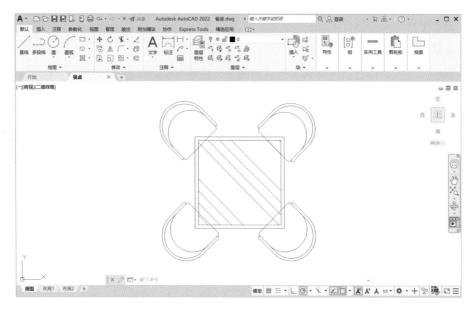

图1-17　打开素材图形

1.3.3　保存图形文件

扫码看教程 ▶

在绘制图形文件的过程中，要注意及时将所绘制的图形文件保存到本地磁盘，以免因意外丢失文件数据。下面介绍保存图形文件的操作。

步骤 01 启动AutoCAD 2022，在其中进行图形的绘制。绘制完成后，单击"菜单浏览器"按钮，在弹出的菜单列表中选择"保存"命令，如图1–18所示。

步骤 02 弹出"图形另存为"对话框，在其中用户可根据需要设置文件的保存位置及文件名称，如图1–19所示。

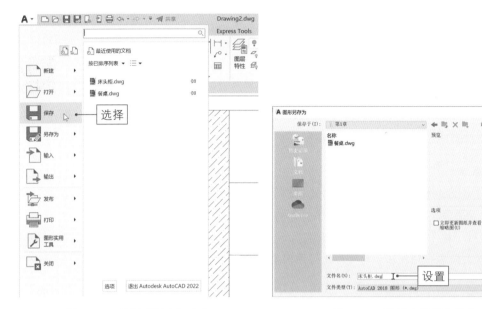

图 1–18　选择"保存"命令　　　　　　　图 1–19　设置文件保存信息

★ 专家指点 ★

当用户对文件进行保存后，如果再次执行"保存"命令，将不再弹出"图形另存为"对话框，而是直接将所做的编辑操作保存到已经保存过的文件中。

步骤 03 单击"保存"按钮，即可保存绘制的图形文件，如图1–20所示。

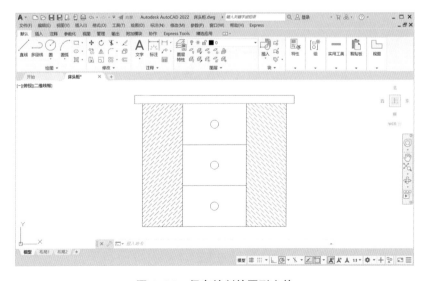

图 1–20　保存绘制的图形文件

★ 专家指点 ★

用户还可以通过以下 3 种方法，保存图形文件。

· 命令：在命令行中输入 SAVE（保存）命令，并按【Enter】键确认。

· 快捷键：按【Ctrl+S】组合键。

· 工具栏：单击快速访问工具栏的"保存"按钮 💾。

使用以上任意一种方法，均可弹出"图形另存为"对话框。

1.3.4 另存为图形文件 ....

扫码看教程▶

如果用户需要重新将图形文件保存至计算机中的另一个位置，此时可以使用"另存为"命令，对图形文件进行另存操作。

★ 专家指点 ★

用户还可以通过以下两种方法，另存图形文件。

· 命令：在命令行中输入 SAVEAS（另存为）命令，并按【Enter】键确认。

· 快捷键：按【Ctrl+Shift+S】组合键。

使用以上任意一种方法，均可弹出"图形另存为"对话框。

步骤 01 单击"菜单浏览器"按钮，在弹出的菜单列表中选择"打开"|"图形"命令，打开一幅素材图形（资源\素材\第1章\窗帘.dwg），如图1-21所示。

步骤 02 单击"菜单浏览器"按钮，在弹出的菜单列表中选择"另存为"|"图形"命令，弹出"图形另存为"对话框，单击"保存于"右侧的下拉按钮，在弹出的下拉列表框中重新设置文件的保存位置，如图1-22所示。

图 1-21 **打开一幅素材图形**

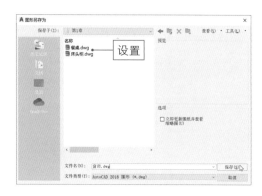

图 1-22 **设置文件的保存位置**

步骤 03 单击"保存"按钮，即可将图形文件另存为其他名称或另存至其他位置。

1.3.5 关闭图形文件 ....

扫码看教程▶

当用户完成图形文件的编辑之后，可以关闭图形文件，下面介绍具体的操作方法。

步骤 01 将鼠标指针移至右上角的"关闭"按钮✖上，单击即可，如图1-23所示。

步骤 02 执行操作后，如果尚未修改图形文件，可以直接将当前图形文件关闭；如果保存后又修改过图形文件，并且未对图形文件进行重新保存，系统将弹出信息提示框，提示用户是否保存文件或放弃已做的修改，如图1-24所示。

图 1-23　单击"关闭"按钮

图 1-24　信息提示框

★ 专家指点 ★

用户还可以通过以下 4 种方法，关闭图形文件。

· 命令 1：在命令行中输入 CLOSE 命令，并按【Enter】键确认。

· 命令 2：在命令行中输入 CLOSEALL 命令，并按【Enter】键确认。

· 菜单：单击"菜单浏览器"按钮，在弹出的菜单列表中选择"关闭"命令。

· 按钮：单击标题栏右侧的"关闭"按钮✖。

步骤 03 单击"是"按钮，将保存图形文件；单击"否"按钮，将不保存图形文件；单击"取消"按钮，将取消文件的关闭操作。

1.4　掌握AutoCAD的一些快捷键

掌握AutoCAD中的一些快捷键，可以帮助我们提高绘图效率。下面介绍两个常用的快捷键，一个是空格键，一个是【Esc】键。

1.4.1　空格键的操作功能

在AutoCAD 2022中，空格键有两个作用，一个是确定操作，比如，输入L命令，按空格键确定执行此命令，如图1-25所示。在这个过程中，空格键就表示执行、确定的意思。

当执行直线L命令后，指定第一个点，然后输入500，如图1-26所示；按两次空格键确定操作，完成图形的

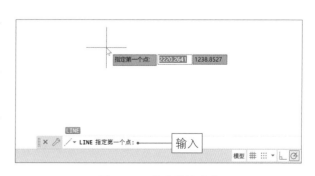

图 1-25　按空格键确定

绘制，如图1-27所示。在这个过程中，空格键的作用也是执行、确定的意思。

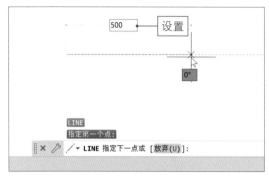

图 1-26　输入直线的长度 500　　　　　　图 1-27　完成图形的绘制

空格键的另一个作用就是"重复上一次的命令"，这是空格键用得比较多的一个功能。比如，上一步绘制了一条直线，如果再次按下空格键，即可重复执行L（直线）命令，如图1-28所示，即接着绘制直线图形。

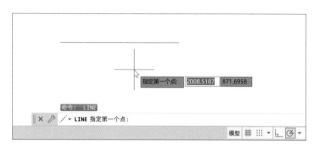

图 1-28　重复执行 L（直线）命令

1.4.2　【Esc】键

键盘左上角有一个【Esc】键，这个按键有什么作用呢？它用于结束、中止当前操作的命令。比如，输入L命令，如果需要结束或中止L命令，只需按【Esc】键即可，此时命令行中显示"取消"的信息，如图1-29所示。

同时，【Esc】键还是一个快速恢复初始化的工具，使AutoCAD的十字光标当前不处于任何命令的执行状态。

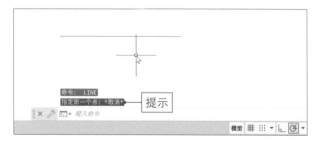

图 1-29　命令行中提示"取消"的信息

第 2 章

设置软件环境及辅助功能

通常情况下，在进行绘图之前，首先应该设置绘图环境，并开启 AutoCAD 2022 的绘图辅助功能，以提高绘图效率。在 AutoCAD 2022 中，设置绘图环境包括隐藏不需要的选项卡、调整十字光标的大小、设置窗口的明暗效果和设置布局空间背景颜色等，还要掌握命令的使用方法，以及设置绘图的辅助功能等，希望读者熟练掌握本章内容。

本章重点

· 设置软件操作环境　　　· 执行 AutoCAD 命令的方法　　　· 使用绘图辅助功能

2.1 设置软件操作环境

当将AutoCAD 2022软件安装至计算机中后，接下来就可以启动AutoCAD 2022软件，并对软件进行相关的设置了，这样在绘图的时候会更加得心应手，提高绘图效率。

2.1.1 启动软件后自动进入绘图区

扫码看教程▶

在AutoCAD 2022中，按【Ctrl+N】组合键，可以创建新文档，从而进行图形的绘制。其实这一步可以省略，启动AutoCAD 2022软件后，直接进入工作界面进行绘图，这样操作更快捷。应该如何设置呢？具体操作步骤如下。

步骤01 在命令行中输入STARTUP（系统变量）命令，如图2-1所示。

步骤02 按【Enter】键确认，命令行中提示相关信息，输入0，如图2-2所示。

图 2-1　输入 STARTUP 命令

图 2-2　按【Enter】键确认

步骤03 按【Enter】键确认，即可在启动AutoCAD 2022软件的时候，直接进入ISO的一个样板，无须再按【Ctrl+N】组合键来新建文件了，操作更加快捷、方便。

2.1.2 隐藏不需要的选项卡与面板

扫码看教程▶

在AutoCAD 2022的工作界面中，可以将一些不怎么使用的选项卡及面板关闭。功能区中密密麻麻的选项影响用户操作的便捷性，为了使界面更加简洁，可以将不需要使用的选项卡或面板进行隐藏，具体操作方法如下。

步骤01 在功能区的空白处，单击鼠标右键，在弹出的快捷菜单中选择"显示选项卡"命令，在弹出的子菜单中，显示了各个选项卡的名称，如图2-3所示。

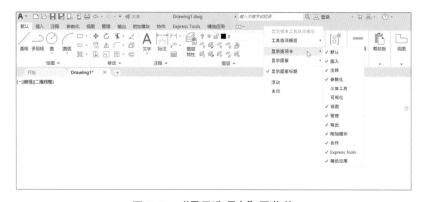

图 2-3　"显示选项卡"子菜单

步骤02 在这里，将不需要使用的选项卡关闭。比如，"协作"、Express Tools、"精选应用"等选项卡不常用，选择这些选项，选项前面的对钩即可取消，不显示对钩的名称即表示选项卡已被隐藏。隐藏部分选项卡之后的工作界面如图2-4所示。

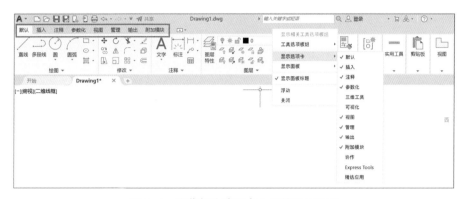

图 2-4　隐藏部分选项卡之后的工作界面

步骤03 如果要隐藏某个选项卡里面的一些面板，该如何操作呢？首先打开该选项卡，然后在空白处单击鼠标右键，在弹出的快捷菜单中选择"显示面板"命令，在弹出的子菜单中，显示了该选项卡中各个面板的名称，如图2-5所示。

图 2-5　"显示面板"子菜单

步骤04 这里分别选择"数据""链接和提取""位置"3个选项，使选项前面的对钩不显示，表示隐藏这些面板，功能区留下的只有"块""块定义""参照""输入"4个选项卡，界面更加简洁一些，如图2-6所示。

图 2-6　隐藏部分面板之后的工作界面

2.1.3 调整绘图时十字光标的大小..

接下来设置系统中的相关功能。比如，将十字光标调整到最大，这样可以使用户在制图的过程中有一个参考，具体操作步骤如下。

步骤 01 默认状态下，AutoCAD 2022软件中的十字光标大小和样式如图2-7所示，这个是5号大小的十字光标。

步骤 02 接下来在命令行中输入OP命令，如图2-8所示。

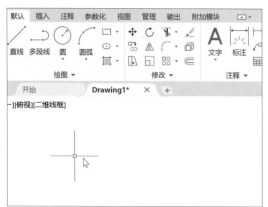

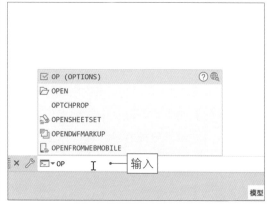

图 2-7　默认状态下十字光标的大小　　　　　图 2-8　在命令行中输入 OP 命令

步骤 03 按【Enter】键确认，弹出"选项"对话框，打开"显示"选项卡，在右侧"十字光标大小"选项区中，设置十字光标大小为100，如图2-9所示。

步骤 04 设置完成后，单击"确定"按钮，返回工作界面。此时可以看到十字光标变得很大，如图2-10所示，更加方便绘图了。

图 2-9　设置大小为 100　　　　　　　　　图 2-10　调整后的十字光标大小

步骤 05 调整好十字光标的大小后，下面体验一下设置的效果。比如，在命令行中输入L（直线）命令，在绘图区绘制一条横线，然后将鼠标指针移至横线下方，可以看到十字光标的大小是无限大的，向下移的时候，垂直光标线在制图的时候就给了用户一定的参考，如图2-11所示。这样绘制出来的两条横线的起始位置能保持在同一条垂直线上。

步骤06 因为十字光标的大小是无限的，基本上有一个很直观的参考。下面接着在下方绘制一条横线，基本就能保证两条线段的长短是一样的，如图2-12所示。如果没有十字光标作为参考，制图就不这么方便了。

| 图 2-11 在上方绘制一条横线并向下移动鼠标 | 图 2-12 以十字光标为参考绘制横线 |

2.1.4 设置窗口的明暗显示效果 ....

扫码看教程▶

在"选项"对话框中，切换至"显示"选项卡，在该选项卡中可以设置AutoCAD 2022窗口的明暗显示效果。默认情况下，安装好AutoCAD 2022软件后，界面颜色呈暗调显示，作者为了提高图书的印刷效果，将界面调成了明调效果，下面介绍具体的操作方法。

步骤01 按【Ctrl+O】组合键，打开一幅素材图形（资源\素材\第2章\洗衣机.dwg），安装好AutoCAD 2022软件后的默认界面颜色如图2-13所示。

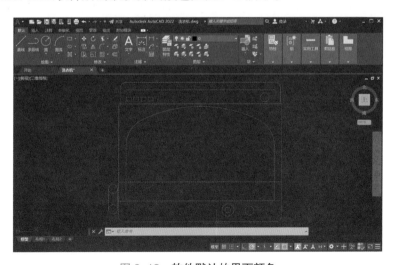

图 2-13 软件默认的界面颜色

步骤 02 单击"菜单浏览器"按钮，在弹出的菜单列表中单击"选项"按钮，弹出"选项"对话框，切换至"显示"选项卡，单击"颜色主题"右侧的下三角按钮，在弹出的下拉列表中选择"明"选项，如图2-14所示。

图 2-14　选择"明"选项

步骤 03 设置完成后，单击"确定"按钮，更改窗口的颜色显示状态，如图2-15所示。

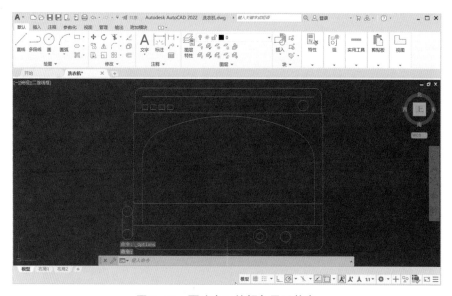

图 2-15　更改窗口的颜色显示状态

2.1.5　设置布局空间背景颜色

扫码看教程 ▶

上一节设置了软件窗口的明暗色调，本节主要讲解设置布局空间背景颜色的方法。这里将背景颜色调为白色，具体操作步骤如下。

步骤 01 在上一例的基础上，打开"选项"对话框，在"显示"选项卡中单击"颜色"按钮，如图2-16所示。

步骤 02 弹出"图形窗口颜色"对话框，在"颜色"列表框中选择"白"选项，如图2-17所示。

图 2-16　单击"颜色"按钮

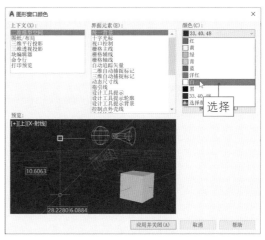

图 2-17　选择"白"选项

步骤 03 单击"应用并关闭"按钮，返回"选项"对话框，单击"确定"按钮，即可将布局空间的背景颜色设置为白色，效果如图2-18所示。

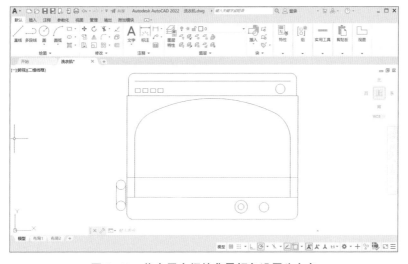

图 2-18　将布局空间的背景颜色设置为白色

2.1.6　设置 AutoCAD 文件的保存时间

扫码看教程▶

在"选项"对话框中，切换至"打开和保存"选项卡，在其中用户可以设置在AutoCAD 2022中保存文件的相关选项。下面介绍设置文件保存时间的方法。

设置软件环境及辅助功能

19

步骤01 单击"菜单浏览器"按钮，在弹出的菜单列表中单击"选项"按钮，弹出"选项"对话框，切换至"打开和保存"选项卡，选中"自动保存"复选框，在其下方设置"自动保存"的间隔分钟数，如图2-19所示。

★ 专家指点 ★

在"选项"对话框的"打开和保存"选项卡中，用户可根据需要设置保存文件的格式，对要保存的文件采取安全措施，以及最近使用的文件数、是否需要加载外部参照文件等。

图 2-19　设置自动保存的间隔分钟数

步骤02 设置完成后，单击"确定"按钮，即可完成文件保存时间的设置。

2.2　执行AutoCAD命令的方法

执行AutoCAD命令的方式有多种，主要有使用鼠标执行命令、使用命令行执行命令，以及使用文本窗口执行命令等。无论采用哪种方式执行命令，命令行中都将显示相应的提示信息。本节主要介绍使用命令编辑图形的技巧。

2.2.1 | 使用鼠标执行命令 ....

扫码看教程▶

在绘图区，鼠标指针通常显示为"十"字形状。当将鼠标指针移至菜单命令、工具栏或对话框内时，会自动变成箭头形状。无论鼠标指针是"十"字形状，还是箭头形状，当单击鼠标时，都会执行相应的命令。

步骤01 按【Ctrl+O】组合键，打开一幅素材图形（资源\素材\第2章\餐具.dwg），如

图2-20所示。

步骤02 单击功能区中的"默认"选项卡，在"绘图"面板上单击"圆心，半径"按钮🕐，如图2-21所示。

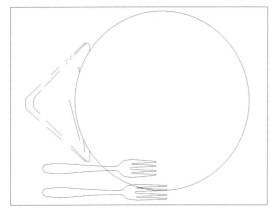

图 2-20 打开一幅素材图形

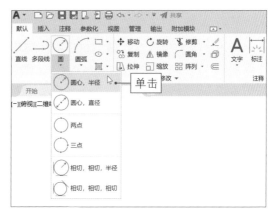

图 2-21 单击"圆心，半径"按钮

★ 专家指点 ★

在 AutoCAD 2022 中，鼠标指针有 3 种模式：拾取模式、回车模式和弹出模式。

·拾取模式：拾取模式指的是用鼠标左键指定屏幕上的点，也用于选择 Windows 对象、AutoCAD 对象、工具栏按钮和菜单命令等。

·回车模式：回车模式指的是用鼠标右键，结束当前使用的命令，相当于【Enter】键，此时系统会根据当前绘图状态弹出不同的快捷菜单。

·弹出模式：按住【Shift】键的同时单击鼠标右键，系统将会弹出一个快捷菜单，用于设置捕捉点的方法。对于三键鼠标，弹出模式相当于用鼠标中键操作。

步骤03 根据命令行提示进行操作，在圆心上单击，然后向右拖动鼠标，输入100，如图2-22所示。

步骤04 按【Enter】键确认，即可完成使用鼠标执行绘制圆命令，效果如图2-23所示。

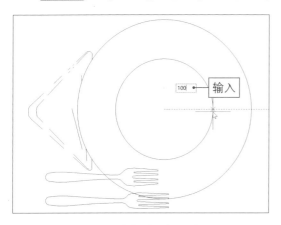

图 2-22 向右拖动鼠标并输入 100

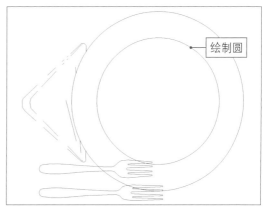

图 2-23 使用鼠标执行绘制圆命令

在AutoCAD 2022中，默认情况下命令行是一个可固定的窗口，用户可以在当前命令提示下输入命令、对象参数等内容。

对大多数命令而言，命令行可以显示执行完的两条命令提示（也叫历史命令），而对于某些输入命令，如TIME和LIST命令，则需要放大命令行或用AutoCAD文本窗口才可以显示。下面介绍使用命令行执行命令的操作方法。

步骤01 单击"菜单浏览器"按钮，在弹出的菜单列表中选择"打开" | "图形"命令，如图2-24所示。

步骤02 执行操作后，打开一幅素材图形（资源\素材\第2章\单灶.dwg），如图2-25所示。

图 2-24 单击"图形"命令

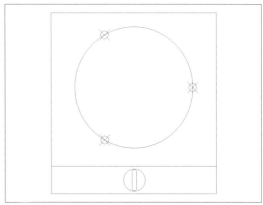

图 2-25 打开一幅素材图形

步骤03 在命令行中输入CIRCLE（圆）命令，按【Enter】键确认，如图2-26所示。

图 2-26 在命令行中输入 CIRCLE 命令

步骤04 根据命令行提示进行操作，在绘图区中合适的位置单击，确认圆心，如图2-27所示。

步骤05 向右引导光标，输入90，并按【Enter】键确认，即可绘制一个半径为90的圆，如图2-28所示。

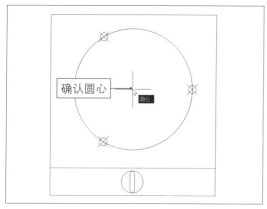

图 2-27　确认圆心

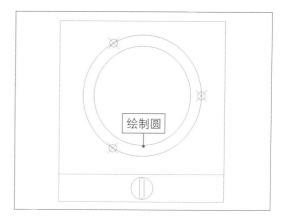

图 2-28　绘制一个半径为 90 的圆

2.2.3　使用文本窗口执行命令

扫码看教程

在AutoCAD 2022中，文本窗口是一个浮动窗口，可以在其中输入命令或查看命令行提示信息，以便查看执行的历史命令。

步骤01 单击快速访问工具栏上的"新建"按钮，新建一个空白图形文件。显示菜单栏，选择"视图"菜单，在弹出的菜单中选择"显示"命令，在弹出的子菜单中选择"文本窗口"命令，如图2-29所示。

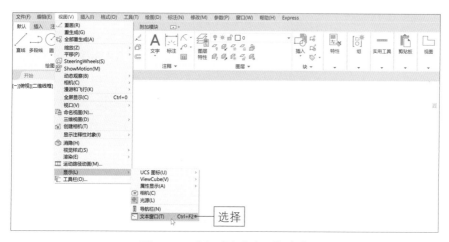

图 2-29　选择"文本窗口"命令

步骤02 弹出AutoCAD文本窗口，在命令行中输入LINE（直线）命令，并按【Enter】键确认，用户可根据提示信息输入相应的数值，进行相应操作，如图2-30所示。

★ 专家指点 ★

在命令行中用户还可以通过按【Backspace】键或【Delete】键，删除命令行中的文字；也可以选择历史命令，并执行"粘贴到命令行"命令，将其粘贴到命令行中。

设置软件环境及辅助功能

23

图 2-30　通过文本窗口执行命令

2.3　使用绘图辅助功能

在绘制图形时，用鼠标定位虽然方便快捷，但精度不高，绘制的图形也不够精确，远远不能满足工程制图的要求。为了解决该问题，AutoCAD 2022提供了一些绘图辅助工具，帮助用户精确绘图。本节主要向读者介绍使用绘图辅助功能的方法。

2.3.1　设置捕捉和栅格功能

扫码看教程▶

在AutoCAD 2022中，栅格是一些用来标定位置的小点；捕捉功能用于设定鼠标指针移动的间距，具有坐标纸的作用，可以为用户提供直观的距离和位置参照。下面介绍设置捕捉和栅格功能的方法。

步骤01 按【Ctrl+O】组合键，打开一幅素材图形（资源\素材\第2章\沙发.dwg），如图2-31所示。

步骤02 在命令行中输入DSETTINGS（草图设置）命令，如图2-32所示。

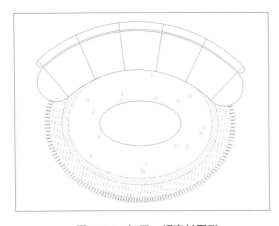

图 2-31　打开一幅素材图形

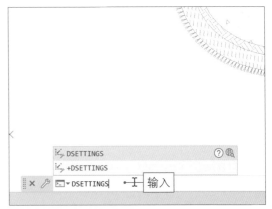

图 2-32　输入 DSETTINGS 命令

步骤03 按【Enter】键确认，弹出"草图设置"对话框，切换至"捕捉和栅格"选项卡，如图2-33所示。

步骤04 在对话框中选中"启用捕捉"和"启用栅格"复选框，在"栅格行为"选项区中选中"显示超出界限的栅格"复选框，如图2-34所示。

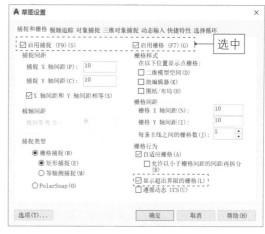

图 2-33 切换至"捕捉和栅格"选项卡　　　图 2-34 选中相应的复选框

步骤05 设置完成后，单击"确定"按钮，即可启用捕捉和栅格功能，此时绘图区中显示了栅格效果，如图2-35所示。

步骤06 当执行CIRCLE（圆）命令时，即可捕捉到图形中的圆心，如图2-36所示。

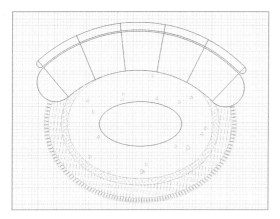

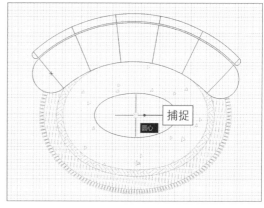

图 2-35 绘图区中显示了栅格效果　　　图 2-36 捕捉到图形中的圆心

★ 专家指点 ★

用户还可以通过以下4种方法，启用栅格功能。

·菜单：显示菜单栏，选择"工具"|"草图设置"命令，弹出"草图设置"对话框，在"捕捉和栅格"选项卡中，选中"启用栅格"复选框。

·按钮：单击状态栏上的"显示图形栅格"按钮井。

·快捷键1：按【F7】键。

·快捷键2：按【Ctrl+G】组合键。

使用以上任意一种方法，均可启用栅格功能。

用户还可以通过以下 5 种方法，启用捕捉功能。

·命令：在命令行中输入 SNAP 命令，并按【Enter】键，根据命令行提示进行操作。

·菜单：显示菜单栏，选择"工具"|"草图设置"命令，弹出"草图设置"对话框，在"捕捉和栅格"选项卡中，选中"启用捕捉"复选框。

·按钮：单击状态栏上的"捕捉模式"按钮::::。

·快捷键 1：按【F9】键。

·快捷键 2：按【Ctrl+B】组合键。

使用以上任意一种方法，均可启用捕捉功能。

2.3.2 设置正交功能 ......

扫码看教程▶

执行 ORTHO 命令，可以打开正交模式，从而在正交模式下绘图。在正交模式下，可以方便地绘制出与当前 X 轴或 Y 轴平行的线段。下面介绍设置正交功能的方法。

步骤01 按【Ctrl+O】组合键，打开一幅素材图形（资源\素材\第2章\液晶显示器.dwg），如图2-37所示。

步骤02 单击状态栏上的"正交限制光标"按钮 ，打开正交功能，如图2-38所示。

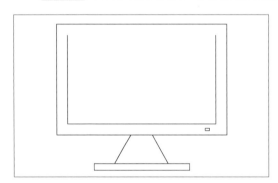

图 2-37　打开一幅素材图形　　　　　图 2-38　打开正交功能

步骤03 在命令行中输入LINE（直线）命令，并按【Enter】键确认，在绘图区单击指定第一点，如图2-39所示。

步骤04 向右引导光标，指定下一点，并按【Enter】键确认，即在正交模式下绘制了直线，如图2-40所示。

★ **专家指点** ★

用户还可以通过以下 3 种方法，开启正交功能。

·快捷键 1：按【F8】键。

·快捷键 2：按【Ctrl+L】组合键。

·命令：在命令行中输入 ORTHO 命令，并按【Enter】键确认，然后输入 ON，再按【Enter】键确认。

使用以上任意一种方法，均可开启正交功能。

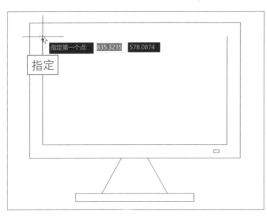

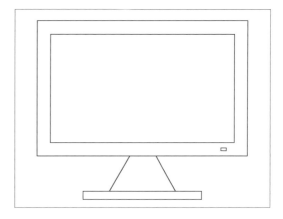

图 2-39　指定第一点　　　　　　　图 2-40　绘制直线

2.3.3　设置极轴追踪功能

扫码看教程▶

　　使用极轴追踪功能可以在系统要求指定某一点时，按照预先设置的角度增量，显示一条无限延伸的辅助线（一条虚线），此时即可沿着辅助线追踪到指定点。用户可以在"草图设置"对话框的"极轴追踪"选项卡中，对极轴追踪功能进行设置。

　　步骤01　按【Ctrl+O】组合键，打开一幅素材图形（资源\素材\第2章\单人床.dwg），如图2-41所示。

　　步骤02　在命令行中输入DSETTINGS（草图设置）命令，按【Enter】键确认，弹出"草图设置"对话框，切换至"极轴追踪"选项卡，选中"启用极轴追踪"复选框，如图2-42所示。

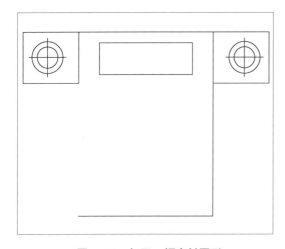

图 2-41　打开一幅素材图形　　　　　图 2-42　选中"启用极轴追踪"复选框

★ 专家指点 ★

用户还可以通过以下两种方法，启用极轴追踪功能。

·快捷键：按【F10】键。

·按钮：单击状态栏上的"极轴追踪"按钮⊘。

使用以上任意一种方法，均可启用极轴追踪功能。

步骤03 设置完成后，单击"确定"按钮，返回绘图区，在命令行中输入LINE（直线）命令，并按【Enter】键确认，根据命令行提示进行操作，在绘图区单击，确定起始点，向下引导光标，即可显示极轴，如图2-43所示。

步骤04 在极轴方向上指定下一点，并按【Enter】键确认，即可绘制直线，如图2-44所示。

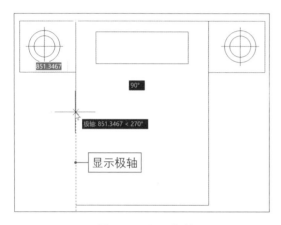

图 2-43　**显示极轴**

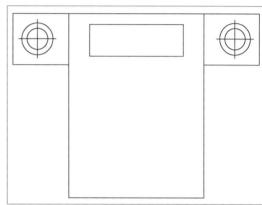

图 2-44　**绘制直线**

2.3.4　设置对象捕捉功能......................

扫码看教程▶

在AutoCAD 2022中，使用对象捕捉功能可以快速、准确地捕捉一些特殊点，以达到用户的需求，简单、快捷地绘制图形。下面介绍设置对象捕捉功能的方法。

步骤01 按【Ctrl+O】组合键，打开一幅素材图形（资源\素材\第2章\门.dwg），如图2-45所示。

步骤02 在命令行中输入 DSETTINGS（草图设置）命令，按【Enter】键确认，弹出"草图设置"对话框，切换至"对象捕捉"选项卡，选中"中点"复选框，如图2-46所示。

图 2-45　**打开一幅素材图形**

步骤 03 设置完成后，单击"确定"按钮，返回绘图区，在命令行中输入LINE（直线）命令，并按【Enter】键确认，根据命令行提示进行操作，移动鼠标指针至绘图区中的中点上，即可显示捕捉的对象中点，如图2-47所示。

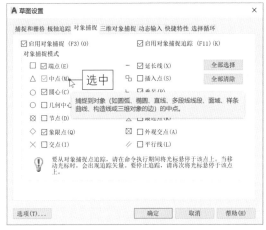

图 2-46　选中"中点"复选框

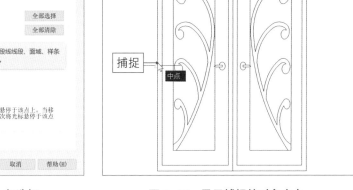

图 2-47　显示捕捉的对象中点

第 3 章

创建二维图形对象

绘图是 AutoCAD 2022 的主要功能，也是最基本的功能，而二维平面图形的形状都很简单，创建起来也很容易，是 AutoCAD 绘图的基础。因此，只有熟练掌握二维平面图形的绘制方法和技巧，才能够更好地绘制出复杂的室内图形。本章主要介绍一些常用绘图工具的使用技巧，希望读者熟练掌握本章内容，为后面的学习奠定良好的基础。

本章重点

- 绘制直线
- 绘制多段线
- 绘制圆
- 绘制圆弧
- 绘制椭圆
- 绘制矩形
- 绘制多边形
- 绘制构造线、多线

3.1　绘制直线

　　直线是最常用、最简单的一类图形对象，只要指定了起点和终点即可绘制一条直线。本节主要介绍绘制直线的方法。

3.1.1　绘制水平直线与垂直直线 ······························

扫码看教程▶

　　L是绘制直线的快捷命令。

　　在AutoCAD 2022中输入L命令之前，一定要确认当前的十字光标是初始的状态，如图3-1所示，这是一个细节。如果当前光标还在执行其他命令，那么此时输入L命令，是不会执行绘制直线操作的。

图 3-1　十字光标的初始状态

　　接下来，介绍直线的绘制技巧。

　　步骤 01 在绘图区中，直接按【L】键输入L命令，第一个选项L（LINE）就是直线命令，如图3-2所示。

　　步骤 02 按空格键确认，接下来在绘图区提示指定第一点，如图3-3所示。

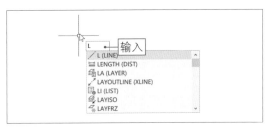

图 3-2　直接输入 L 命令

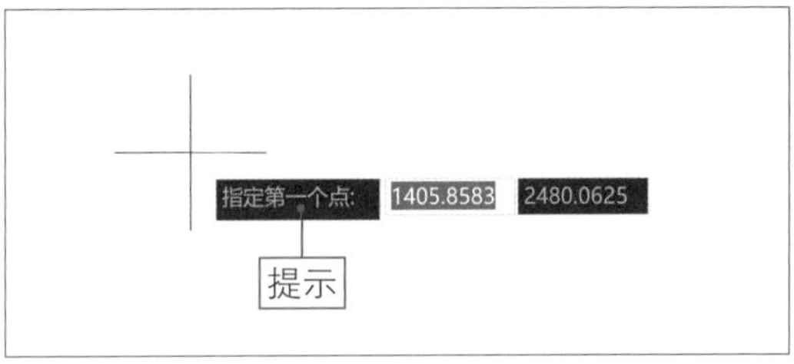

图 3-3　提示指定第一点

　　步骤 03 在绘图区中的合适位置单击，指定第一点，如图3-4所示。

　　步骤 04 指定第一点之后，提示指定下一点，向右引导光标，输入100，如图3-5所示。

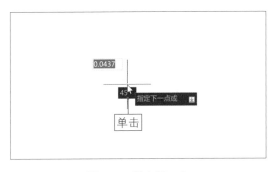

图 3-4　指定第一点

图 3-5　向右引导光标输入 100

　　步骤 05 按空格键确认，即可绘制直线。大家可以看到，100就是直线的长度，如图3-6所示。

步骤06 向上引导光标，再次输入 100，按空格键确认，绘制垂直线，如图 3-7 所示。

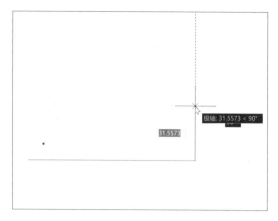

图 3-6　绘制长度为 100 的直线（1）

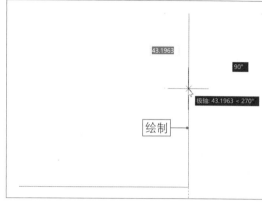

图 3-7　绘制长度为 100 的直线（2）

步骤07 继续向左引导光标，输入 100，按空格键确认，绘制水平线，如图 3-8 所示。

步骤08 继续向下引导光标，输入 100，按空格键确认，绘制垂直线，如图 3-9 所示。

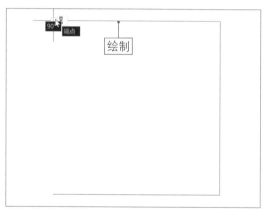

图 3-8　绘制长度为 100 的直线（3）

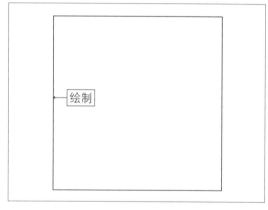

图 3-9　完成直线的绘制

3.1.2　绘制带有角度的斜线

学习上一节知识点之后，有人会问："在AutoCAD中只能画这种水平与垂直的直线吗？"答案是否定的。因为在绘图的过程中，开启了正交功能，如图3-10所示，锁定了垂直与水平的绘制方向。

图 3-10　开启了正交功能

按【F8】键，关闭正交功能后，命令行中提示"正交 关"的信息，如图3-11所示，接下来就可以绘制一些斜线段了。

图 3-11 命令行中提示"正交 关"

斜线由两个数据组成，一个是线段的长度，另一个是线段形成的角度，这个角度表示的是直线的夹角，如图3-12所示。

那么，如何确定这两个数据呢？在绘制直线的时候，默认输入的是直线的长度值，比如输入150，如图3-13所示。

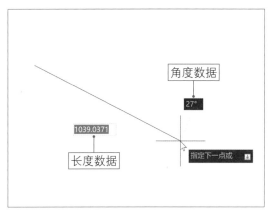

图 3-12 斜线由两个数据组成

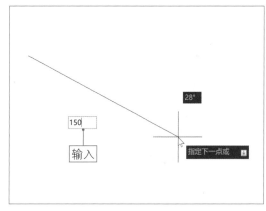

图 3-13 输入数据 150

接下来按键盘上的【Tab】键，切换到角度输入状态，如图3-14所示；比如输入35°。这里有一个细节，AutoCAD的角度数值输入完成后，按空格键是不能确认操作的，需要按【Enter】键才能确认操作，再按空格键完成操作，如图3-15所示。

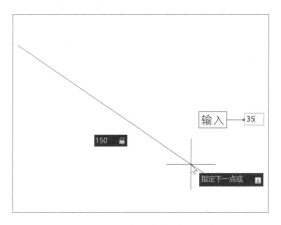

图 3-14 切换到角度输入状态

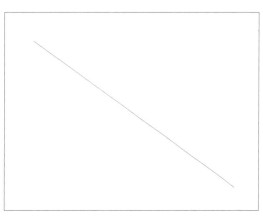

图 3-15 按【Enter】键确认操作

3.2　绘制多段线

使用"多段线"命令可以绘制多段线。多段线是由等宽或不等宽的直线或圆弧等多条线段构成的特殊线段，这些线段构成的图形是一个整体。学习多段线需要掌握以下几点：

第一，需要掌握多段线的快捷命令PL；

第二，要学会区分多段线与直线；

第三，要学会运用"多段线"命令绘制图形对象。

3.2.1　掌握多段线与直线的区别 ....

首先，输入PL命令，按空格键确认，绘图区中提示用户指定起点，如图3-16所示；在绘图区中任意指定一点，作为绘图起点，向上引导光标，输入50并确认，向右引导光标，输入100并确认，向上引导光标，输入40并确认，向左引导光标，输入200并确认，完成多段线的绘制，如图3-17所示。

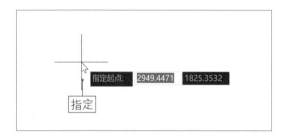

图 3-16　提示用户指定起点

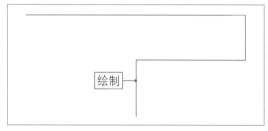

图 3-17　绘制完成的多段线

这样看上去，让人觉得多段线与直线的区别并不是很大。其实二者最主要的区别在于它们的线型，以及线型的结构。

将鼠标指针放置在多段线图形上的时候，显示的是一个整体，如图3-18所示；用L命令绘制相同的图形，当将鼠标指针置于图形上的时候，显示的只是一条线段，如图3-19所示。多段线是连成一体的对象，而直线是分散的对象，这就是本质的线型区别。

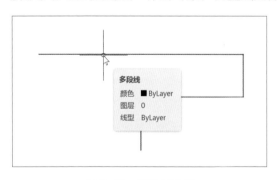

图 3-18　选择多段线

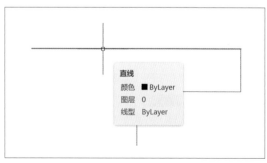

图 3-19　选择直线段

扫码看教程▶

3.2.2 通过"多段线"命令绘制办公桌

使用"多段线"命令可以绘制各种图形。使用"多段线"命令绘制的图形是由等宽或不等宽的直线或圆弧等多条线段构成的特殊线段，这些线段构成的图形是一个整体，用户可以对其进行相应的编辑。

步骤 01 按【Ctrl+O】组合键，打开一幅素材图形（资源\素材\第3章\办公桌.dwg），如图3-20所示。

步骤 02 在命令行中输入PL（多段线）命令，如图3-21所示，按【Enter】键确认。

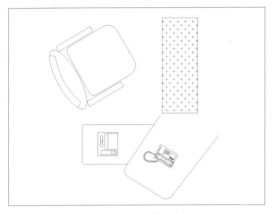

图 3-20 打开一幅素材图形

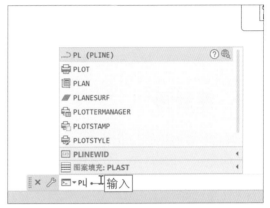

图 3-21 在命令行中输入 PL 命令

步骤 03 在命令行提示下，捕捉合适的端点作为起点，如图3-22所示。

步骤 04 向上引导光标，输入1380，按【Enter】键确认，如图3-23所示。

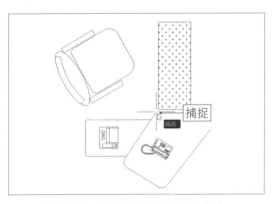

图 3-22 捕捉合适的端点作为起点

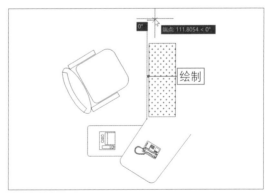

图 3-23 输入 1380 并确认

★ 专家指点 ★

除了可以运用上述方法调用"多段线"命令，还可以使用以下两种方法。

·命令：在菜单栏中选择"绘图"|"多段线"命令。

·按钮：切换至"默认"选项卡，单击"绘图"面板中的"多段线"按钮。

使用以上任意一种方法，均可调用"多段线"命令。

步骤 05 向右引导光标，输入650，按【Enter】键确认，如图3-24所示。

步骤 06 向下引导光标，输入1595，按【Enter】键确认，即可完成多段线的绘制，效果如图3-25所示。

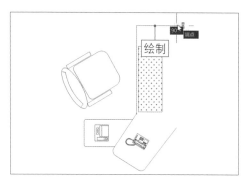

图 3-24　输入 650 并确认

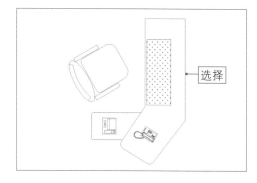

图 3-25　输入 1595 并确认

3.3　绘制圆

圆是一种简单的二维图形，也是人们在制图过程中用得比较多的绘图工具之一，可以用来表示柱、孔等特征。大家在学习圆的相关知识时，需要掌握以下几点：

第一，需要掌握圆的快捷命令C；

第二，掌握3种组成圆的方式；

第三，要学会运用"圆"命令绘制图形。

3.3.1　通过指定圆心绘制圆对象 ....

扫码看教程▶

使用C（圆）命令，可以快速绘制圆图形，具体操作步骤如下。

步骤 01 在绘图区中输入C，在弹出的列表框中，第一个命令就是"圆"命令，如图3-26所示。

步骤 02 按空格键确认，命令行中会有相关提示，如果直接在绘图区中随意指定一点，这就是圆心，然后通过确定半径来绘制圆对象，如图3-27所示。

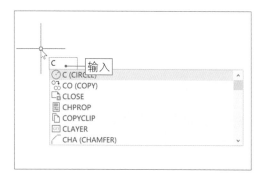

图 3-26　在绘图区中输入 C

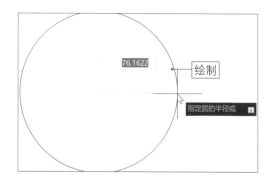

图 3-27　通过确定半径来绘制圆对象

★ 专家指点 ★

单击"默认"面板中的"圆"按钮⊙，也可以快速执行"圆"命令，绘制圆对象。

3.3.2 通过指定两点来绘制圆对象
扫码看教程 ▶

下面介绍通过指定两点来绘制圆的方法，具体操作步骤如下。

步骤 01 在绘图区中输入L（直线）命令并确认，绘制一条斜线，如图3-28所示。

步骤 02 在绘图区中输入C（圆）命令并确认，根据命令行提示进行操作，输入2P（两点）命令并确认，命令行中提示指定圆直径的第一个端点，如图3-29所示。

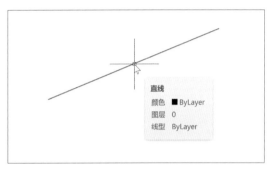

图 3-28　绘制一条斜线

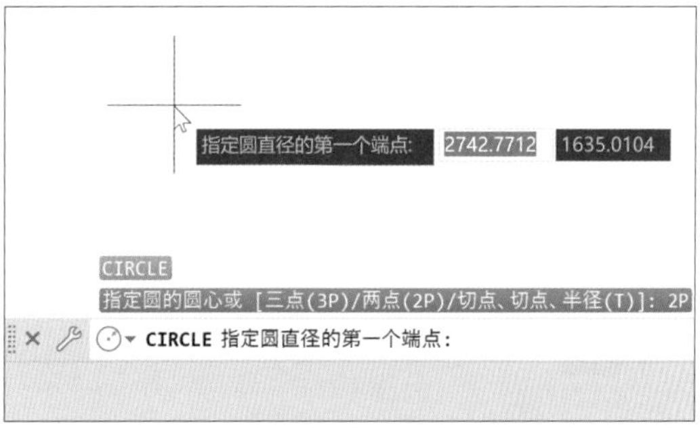

图 3-29　输入 2P（两点）命令并确认

步骤 03 此时，单击直线左侧的端点，作为圆直径的第一个端点；单击直线右侧的端点，作为圆直径的第二个端点，如图3-30所示。

步骤 04 执行操作后，即可通过指定两点来绘制圆对象，效果如图3-31所示。

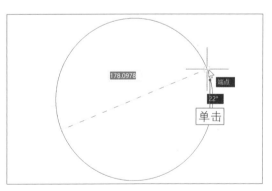

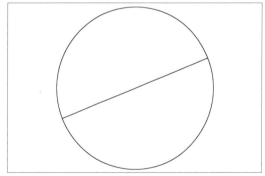

图 3-30　指定圆直径的两个端点

图 3-31　通过指定两点来绘制圆对象

3.3.3 通过指定 3 点来绘制圆对象
扫码看教程 ▶

下面介绍通过指定3点来绘制圆对象的方法，具体操作步骤如下。

步骤 01 在绘图区中输入L（直线）命令并确认，绘制一个三角形，如图3-32所示。

步骤 02 在绘图区中输入C（圆）命令并确认，根据命令行提示进行操作，输入3P

（三点）命令并确认，命令行中提示相关信息，如图3-33所示。

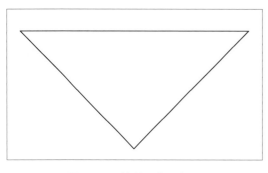

图 3-32　绘制一个三角形

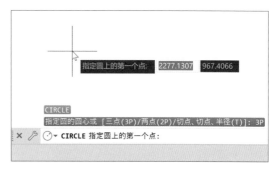

图 3-33　命令行中提示相关信息

步骤 03 根据命令行提示指定三角形的左侧顶点为确定圆的第一个点，如图3-34所示。

步骤 04 向右引导光标，指定三角形的右侧顶点为确定圆的第二个点，如图3-35所示。

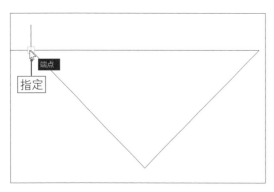

图 3-34　指定圆上的第一个点

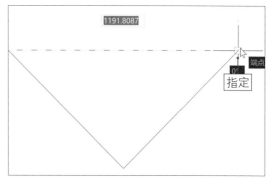

图 3-35　指定圆上的第二个点

步骤 05 向下引导光标，指定三角形的下方顶点作为确定圆的第三个点，如图3-36所示。

步骤 06 执行操作后，即可通过指定3点来绘制圆对象，效果如图3-37所示。

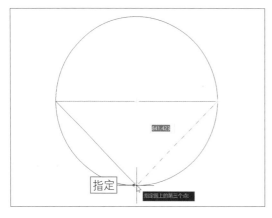

图 3-36　指定圆上的第三个点

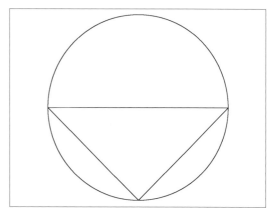

图 3-37　指定 3 点来绘制圆对象

3.3.4 通过"圆"命令绘制地面拼花

扫码看教程▶

上面学习了圆的基础知识，下面通过一个实例来强化"圆"命令的应用。

步骤01 按【Ctrl+O】组合键，打开一幅素材图形（资源\素材\第3章\地面拼花.dwg），如图3-38所示。

步骤02 在绘图区中输入C（圆）并确认，捕捉圆心，指定圆心，如图3-39所示。

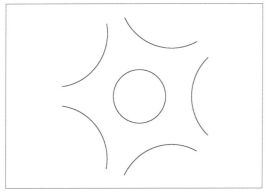

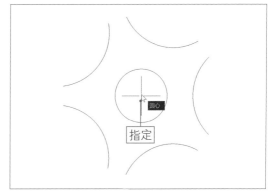

图 3-38　打开一幅素材图形　　　　　　　　图 3-39　捕捉圆心指定圆心

步骤03 向外侧拖动鼠标，设置圆的半径，这里输入2700，如图3-40所示。

步骤04 按【Enter】键确认，绘制半径为2700的圆，如图3-41所示。

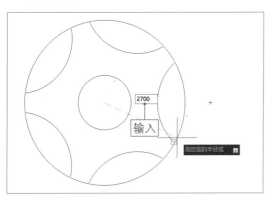

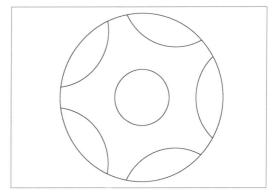

图 3-40　设置圆的半径　　　　　　　　　图 3-41　绘制半径为 2700 的圆

★ 专家指点 ★

用户还可以通过以下3种方法，调用"圆"命令。

· 命令1：在命令行中输入CIRCLE（圆）命令，并按【Enter】键确认。

· 命令2：显示菜单栏，选择"绘图"|"圆"|"圆心，半径"命令。

· 命令3：单击功能区中的"默认"选项卡，在"绘图"面板中单击"圆心，半径"按钮⊙。

使用以上任意一种方法，均可调用"圆"命令。

步骤05 按【Enter】键确认，重复执行C（圆）命令，捕捉圆心，向外侧拖动鼠标，输入3150，如图3-42所示。

步骤06 按【Enter】键确认，绘制半径为3150的圆，效果如图3-43所示。

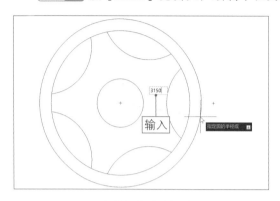

图 3-42　向外侧拖动鼠标输入 3150

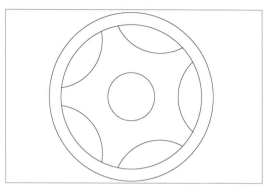

图 3-43　绘制半径为 3150 的圆

3.4　绘制圆弧

使用"圆弧"命令可以绘制圆弧图形。圆弧是圆的一部分，绘制圆弧除了要指定圆心和半径，还需要指定起始角和终止角。圆弧是人们在制图过程中常用的图形，首先需要掌握绘制圆弧的快捷命令：A，通过按【A】键输入A可以执行"圆弧"命令。

在绘制圆弧的时候，主要通过一些辅助线来完成。如果绘制那种没有精确数据的圆弧，那么对制图的意义不是很大。所以，一般情况下，可以通过一些辅助线、辅助点来完成圆弧的绘制。本节主要向读者介绍几种常用的圆弧绘制技巧。

3.4.1　通过"三点"命令绘制圆弧..

扫码看教程▶

"圆弧"下拉列表中的"三点"命令，是指通过三个点来确定一段圆弧。单击"绘图"面板中的"圆弧"按钮，在弹出的下拉列表中单击"三点"按钮，即可在绘图区中通过指定三点来绘制一段圆弧，如图3-44所示。

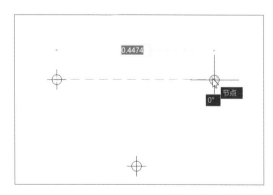

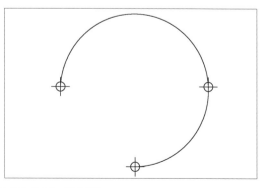

图 3-44　通过指定三点来绘制一段圆弧

在实际量房的过程中，会碰到这样的情况，比如，很多阳台都有一个弧度，这种弧度是如何确定的呢？在具体的制图过程中，也需要参考辅助线，通过辅助线就很容易实现了，具体操作步骤如下。

步骤01　按【F8】开启正交功能，执行L（直线）命令并确认，右向引导光标，输入1200，按两次空格键确认。再次执行L（直线）命令并确认，捕捉直线的中点，向上引导光标，输入300并确认，如图3-45所示。通过这种方式可以确认阳台圆弧的3个点。

步骤02　关闭正交功能，执行A（圆弧）命令并确认，捕捉辅助线的3个端点，绘制圆弧，效果如图3-46所示。

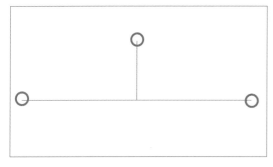

图 3-45　绘制辅助线

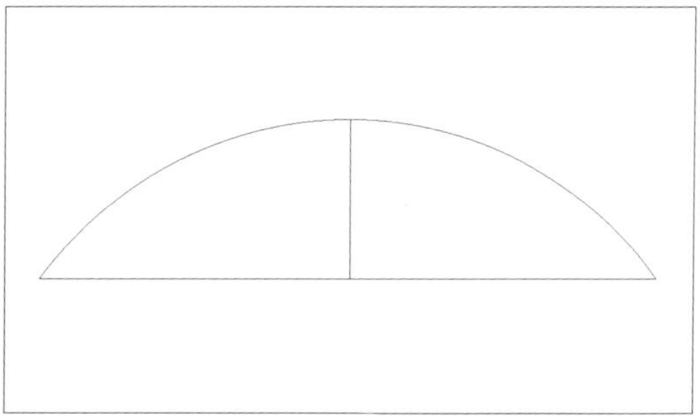

图 3-46　捕捉 3 个端点绘制圆弧

★ 专家指点 ★

以上就是通过"三点"命令绘制圆弧的方法，也是用得最多的一种方法，大家可以多加练习，熟练掌握这种绘制圆弧的方法。

3.4.2　通过"起点，圆心，端点"命令绘制圆弧 ....

"起点，圆心，端点"命令是指通过起点、圆心、端点来绘制圆弧。

执行"起点，圆心，端点"命令，首先捕捉左上角的点作为起点，然后经过圆心，如图3-47所示；再捕捉下方的点作为端点，绘制圆弧，效果如图3-48所示。

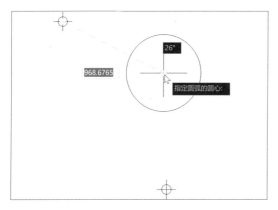

图 3-47　捕捉起点与圆心

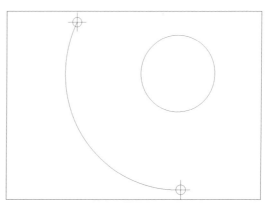

图 3-48　绘制圆弧效果

3.4.3 通过"起点，圆心，角度"命令绘制圆弧 ....

"起点，圆心，角度"命令是指通过起点、圆心、角度绘制圆弧。

执行"起点，圆心，角度"命令，首先捕捉左侧的点作为起点，然后捕捉圆心，如图3-49所示；接下来会显示一个角度值，如图3-50所示，这里设置角度值为160°并确认，即可绘制圆弧。

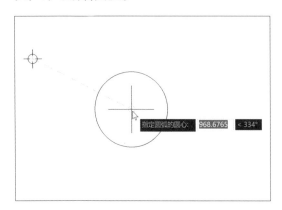

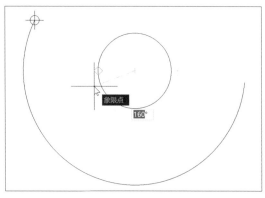

图 3-49　捕捉起点和圆心　　　　　　　　图 3-50　显示一个角度数值

3.4.4 通过"起点，圆心，长度"命令绘制圆弧 ....

"起点，圆心，长度"命令是指通过起点、圆心、弧长绘制圆弧。

执行"起点，圆心，长度"命令，首先捕捉下方的点作为起点，然后捕捉圆心，如图3-51所示；接下来会显示一个长度值，这个长度值表示当前的弧长，这里输入1500并确认，即可绘制圆弧，效果如图3-52所示。

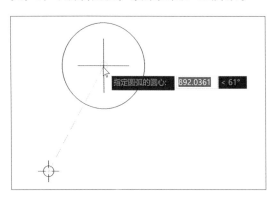
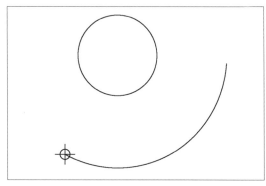

图 3-51　捕捉起点和圆心　　　　　　　　图 3-52　指定弧长绘制圆弧

3.4.5 通过"起点，端点，角度"命令绘制圆弧 ....

"起点，端点，角度"命令是指通过起点、端点、角度绘制圆弧。

执行"起点，端点，角度"命令，首先捕捉三角形左侧的顶点作为起点，然后捕捉右侧的顶点作为端点，如图3-53所示；接下来会显示一个角度值，角度的数值越大，弧度就会越大，如图3-54所示。设置角度参数后，按【Enter】键确认，即可绘制圆弧。

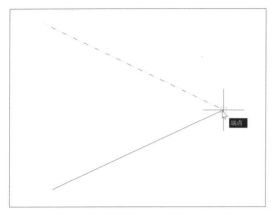

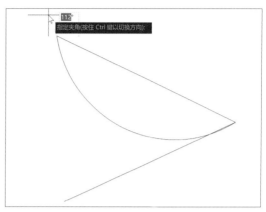

图 3-53 捕捉起点与端点　　　　　　　图 3-54 设置圆弧的角度参数

关于圆弧的绘制方法，"圆弧"下拉列表框后面几个绘制圆弧的命令，在操作上大同小异，大家可以根据命令行提示进行圆弧的绘制。

3.5　绘制椭圆

"椭圆"命令用于绘制椭圆。椭圆是由定义了长度和宽度的两条轴决定的，其中较长的轴为长轴，较短的轴为短轴。大家在学习椭圆的相关知识时，需要掌握以下几点：

第一，需要掌握椭圆的快捷命令EL；

第二，需要掌握"椭圆"命令的使用方法。

下面针对相关内容进行详细介绍。

3.5.1　通过"椭圆"命令绘制梳妆镜 ....

扫码看教程▶

绘制椭圆的方法很简单，它是通过确定圆心并指定两个轴的长度来实现的，具体步骤如下。

步骤01 按【Ctrl+O】组合键，打开一幅素材图形（资源\素材\第3章\梳妆台.dwg），如图3-55所示。

步骤02 在命令行中输入EL（椭圆）命令，按【Enter】键确认，在命令行提示下，输入C（中心点），如图3-56所示。

★ 专家指点 ★

除了可以运用上述方法调用"椭圆"命令，还可以使用以下两种方法。

·按钮：切换至"默认"选项卡，单击"绘图"面板中"圆心"按钮⊙右侧的下拉按钮，在弹出的下拉列表中选择一种绘制椭圆的方式。

·命令：在菜单栏中选择"绘图"|"椭圆"命令，在弹出的子菜单中选择相应命令。

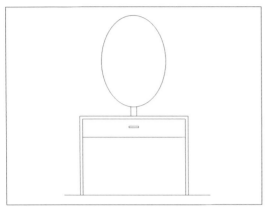

图 3-55　打开一幅素材图形

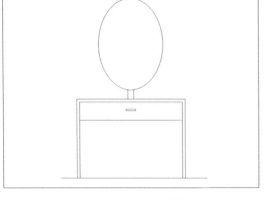

图 3-56　输入 C（中心点）

步骤03 按【Enter】键确认，捕捉椭圆的圆心作为新绘制椭圆的圆心，如图3-57所示。

步骤04 向上引导光标，输入长轴值280，按【Enter】键确认，再向右引导光标，输入短轴值200，按【Enter】键确认，即可绘制椭圆，如图3-58所示。

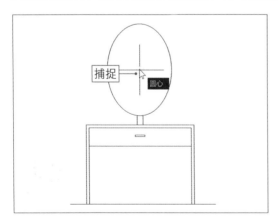

图 3-57　捕捉圆心作为新绘制椭圆的圆心

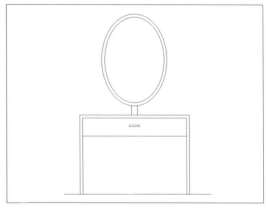

图 3-58　绘制椭圆效果

3.5.2 通过"椭圆弧"绘制缺口椭圆 ....

扫码看教程▶

使用"椭圆弧"命令可以绘制带有缺口的椭圆，下面向读者介绍通过"椭圆弧"命令绘制椭圆的操作方法。

步骤01 在"绘图"面板中，单击"椭圆"右侧的下拉按钮，在弹出的下拉列表中单击"椭圆弧"按钮，如图3-59所示。

步骤 02 按照前面介绍的绘图方法绘制一个长轴为1000、短轴为250的椭圆，如图3-60所示。

图 3-59　单击"椭圆弧"命令

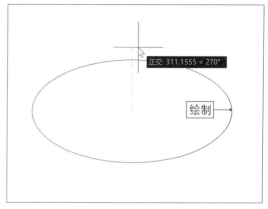

图 3-60　绘制长轴为 1000、短轴为 250 的椭圆

步骤 03 接下来绘图区中会提示指定起点角度，输入角度值0，按空格键确认，如图3-61所示。

步骤 04 如果希望椭圆留出1/4的缺口，则端点角度应该是270°，因为一个圆共360°，这里输入270并确认，即可绘制椭圆弧，效果如图3-62所示。

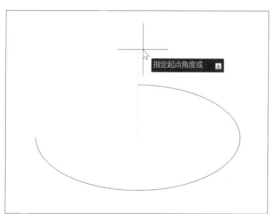

图 3-61　输入角度值 0 并确认

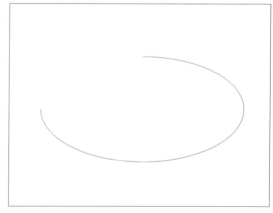

图 3-62　绘制椭圆弧

3.6　绘制矩形

矩形是绘制平面图形时常用的简单图形，也是构成复杂图形的基本图形元素，在各种图形中都可作为组成元素。在学习矩形的绘制之前，需要掌握以下几个知识点：

第一，要掌握绘制"矩形"的快捷命令REC；

第二，需要快速地确定矩形的长度与宽度；

第三，要学会倒角与圆角的绘制技巧。

★ 专家指点 ★

用户可以通过以下 4 种方法，调用"矩形"命令。

· 命令 1：在命令行中输入 RECTANGLE（矩形）命令，并按【Enter】键确认。

· 命令 2：在命令行中输入 REC（矩形）命令，并按【Enter】键确认。

· 命令 3：显示菜单栏，选择"绘图"|"矩形"命令。

· 按钮：单击功能区中的"默认"选项卡，在"绘图"面板中单击"矩形"按钮 □。

使用以上任意一种方法，均可调用"矩形"命令。

3.6.1 | 认识矩形的长度与宽度 ....

矩形是一个角是直角的平行四边形。首先在绘图区输入 REC（矩形）命令，如图 3-63 所示；按空格键执行命令，随意在绘图区中指定绘制矩形的第一个点，然后向右侧拖动鼠标，显示矩形框，如图 3-64 所示。

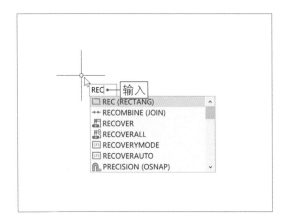

图 3-63　输入 REC（矩形）命令

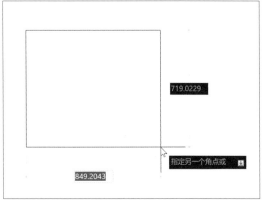

图 3-64　向右拖动鼠标显示矩形框

在矩形框下方和右侧，有两个数值框。这里有必要跟大家讲解一下，下方数值框中的数值表示当前矩形的长度，右侧数值框中的数值表示当前矩形的宽度（高度），如图 3-65 所示。

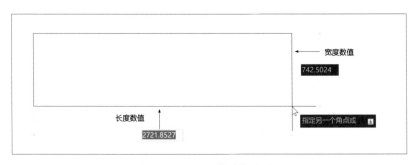

图 3-65　显示长度与宽度

数值框中的正数或负数，表示创建矩形的方向，数据的切换主要使用【Tab】键来完成。比如，输入长度值后，按【Tab】键即可切换至宽度值输入状态。这里给大家演示一下具体的操作。执行REC（矩形）命令后，首先输入1200，如图3-66所示。

图 3-66　执行"矩形"命令后首先输入 1200

然后按【Tab】键，即可切换至宽度值输入状态，输入600，如图3-67所示；按空格键确认，即可绘制一个长度为1200、宽度为600的矩形，如图3-68所示。

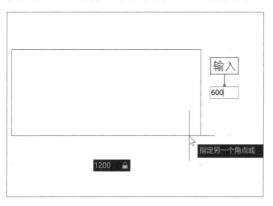

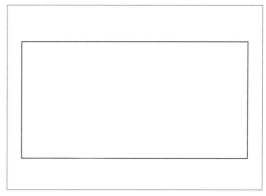

图 3-67　输入宽度值 600　　　　　　　　　图 3-68　完成矩形的绘制

3.6.2　绘制倒角矩形的方法

扫码看教程▶

在绘图过程中，倒角矩形也是比较常用的，下面介绍绘制倒角矩形的方法。

步骤01 在命令行中输入REC（矩形）命令，按空格键确认，根据命令行提示进行操作。C表示倒角，这里输入C，如图3-69所示，按空格键确认。

图 3-69　输入 C（倒角）

步骤02 设置第一个倒角距离，输入100，按空格键确认；然后设置第二个倒角距离，再次输入100，如图3-70所示，按空格键确认。

步骤03 在绘图区中，指定矩形的两个角点，绘制倒角矩形，效果如图3-71所示。

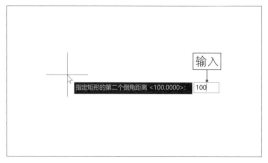

图 3-70　设置第二个倒角距离

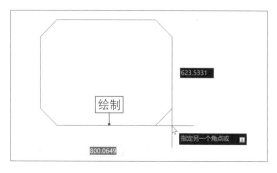

图 3-71　绘制倒角矩形

注意，有时候设置了倒角参数后，在绘制矩形的时候并没有显示出倒角的效果，这是为什么呢？这是很多初学者容易犯的一个错误，这就涉及一个比例。比如，绘制100×200的矩形，若设置倒角距离为200，那么绘制出来的矩形是没有倒角效果的。这个时候，要么将矩形的长宽值调大一点，要么将倒角的距离调小一点，这样倒角效果才能正常显示出来。

3.6.3　绘制圆角矩形的方法

扫码看教程▶

圆角矩形是指矩形的四个角呈圆角形状。它也是在绘图过程中常用的形状，比如圆角书桌、圆角桌椅等。下面介绍绘制圆角矩形的方法。

步骤01 在命令行中输入REC（矩形）命令，按空格键确认，根据命令行提示进行操作。F表示圆角，这里输入F，如图3-72所示，按空格键确认。

图 3-72　输入 F（圆角）

步骤02 指定圆角半径为50，如图3-73所示，按空格键确认。

步骤03 在绘图区中，指定矩形的两个角点，绘制圆角矩形，效果如图3-74所示。

图 3-73　指定圆角半径为 50

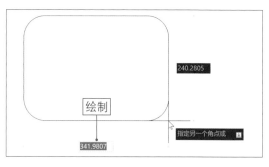

图 3-74　绘制圆角矩形

3.6.4 通过"矩形"命令绘制会议桌 ....

扫码看教程 ▶

上面介绍了矩形的基础知识，具体讲解了倒角矩形与圆角矩形的绘制方法，下面通过一个实例来强化一下"矩形"命令的应用。

步骤 01 按【Ctrl+O】组合键，打开一幅素材图形（资源\素材\第3章\会议桌.dwg），如图3-75所示。

步骤 02 输入REC（矩形）命令并确认，输入F（圆角）命令并确认，如图3-76所示。

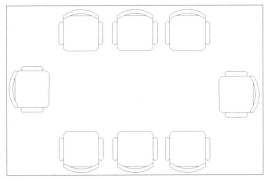

图 3-75 打开一幅素材图形

图 3-76 输入 F（圆角）命令并确认

步骤 03 指定圆角半径为30，如图3-77所示，按空格键确认。

步骤 04 在绘图区中，指定矩形的第一个角点，如图3-78所示。

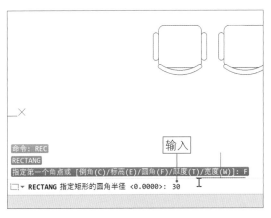

图 3-77 指定圆角半径为 30

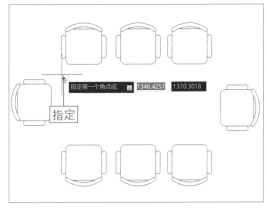

图 3-78 指定矩形的第一个角点

步骤 05 首先输入1480，设置矩形的长度，然后按【Tab】键，输入528，设置矩形的宽度，如图3-79所示。

步骤 06 按空格键确认，即可绘制一个长度为1480、宽度为528的圆角矩形（会议桌），效果如图3-80所示。

创建二维图形对象

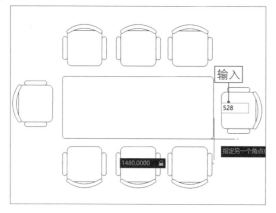

图 3-79　设置矩形的长度和宽度

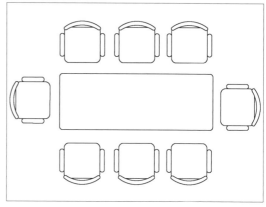

图 3-80　绘制圆角矩形（会议桌）

3.7　绘制多边形

学习"多边形"的绘制时，需要掌握两点：第一点是掌握多边形的快捷命令POL，第二点是学会绘制外切于圆与内接于圆多边形的绘制，本节将进行具体讲解。

3.7.1　通过"外切于圆"功能绘制拼花平面 ....

扫码看教程▶

如何绘制外切于圆与内切于圆多边形？下面先从外切于圆多边形开始讲起，以操作步骤的形式向读者进行展示。

步骤01 按【Ctrl+O】组合键，打开一幅素材图形（资源\素材\第3章\拼花平面.dwg），如图3-81所示。

步骤02 在命令行中输入POL（多边形）命令，按【Enter】键确认，在命令行提示下，输入侧面数6，如图3-82所示，按【Enter】键确认。

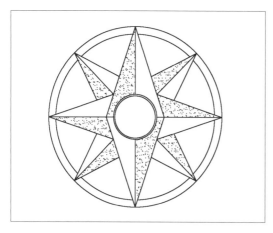

图 3-81　打开一幅素材图形

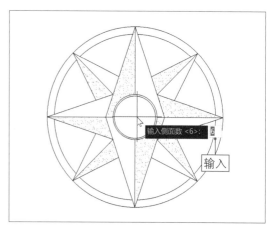

图 3-82　输入侧面数 6

步骤 **03** 在绘图区中，捕捉圆心作为多边形中心点，根据弹出的快捷菜单提示，输入C（外切于圆），如图3-83所示。

步骤 **04** 按【Enter】键确认，向上方引导光标，拾取最外侧大圆的象限点，即可完成六边形的绘制，效果如图3-84所示。

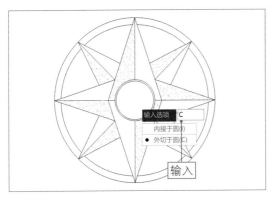

图 3-83　输入 C（外切于圆）选项

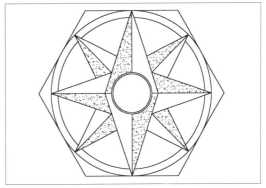

图 3-84　完成六边形的绘制

3.7.2　通过"内接于圆"功能绘制四人桌椅

扫码看教程▶

上面讲解了外切于圆多边形的绘制方法，接下来介绍内接于圆多边形的绘制技巧。

步骤 **01** 按【Ctrl+O】组合键，打开一幅素材图形（资源\素材\第3章\四人桌椅.dwg），如图3-85所示。

步骤 **02** 在命令行中输入POL（多边形）命令，按【Enter】键确认，在命令行提示下，输入侧面数6，如图3-86所示，按【Enter】键确认。

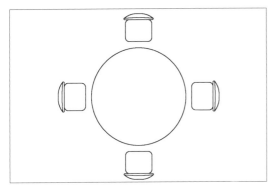

图 3-85　打开一幅素材图形

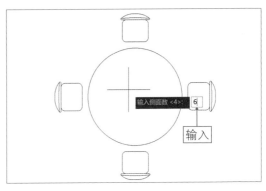

图 3-86　输入侧面数 6

步骤 **03** 在绘图区中，捕捉圆心作为多边形中心点，根据弹出的快捷菜单提示，输入I（内接于圆），如图3-87所示。

步骤 **04** 按【Enter】键确认，向右引导光标，拾取大圆右侧的象限点，即可完成六边形的绘制，效果如图3-88所示。

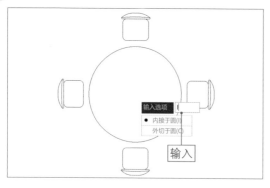

图 3-87　输入 I（内接于圆）

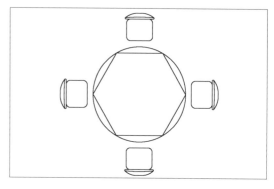

图 3-88　完成六边形的绘制

3.8　绘制构造线、多线

构造线是一条没有起点和终点的两端无限延长的直线，主要用来绘制辅助线和修剪边界，在室内装潢设计中常用来作为辅助线。多线是由等宽或不等宽的直线或圆弧等多条线段构成的特殊线段，这些线段构成的图形是一个整体，用户可以对其进行相应的编辑。本节主要介绍构造线与多线的绘图技巧。

3.8.1　通过"构造线"命令绘制建筑框架

扫码看教程▶

首先，大家需要掌握绘制构造线的快捷命令XL。下面介绍通过构造线绘制建筑辅助线框架的方法，方便用户使用"多线"命令进行墙体的绘制，具体步骤如下。

步骤01 新建一个图形文件，输入XL（构造线）命令，按空格键确认，根据命令行提示进行操作，输入H（水平）命令并确认，表示绘制一条水平的构造线，在绘图区中的适当位置单击，绘制一条水平构造线，如图3-89所示。

步骤02 输入O（偏移）命令并确认，输入1000并确认，将构造线向下进行偏移，如图3-90所示。

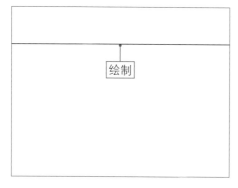

图 3-89　绘制水平构造线

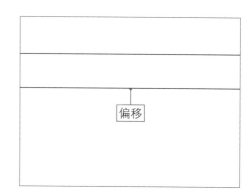

图 3-90　对构造线进行偏移处理

步骤03 按两次空格键进行确认，依次将构造线向下偏移3次，偏移的距离分别为

300、2000、900，如图3-91所示。

步骤 04 接下来绘制垂直构造线。输入XL（构造线）命令并确认，输入V（垂直）命令并确认，在绘图区中的适当位置单击，绘制一条垂直构造线，如图3-92所示。

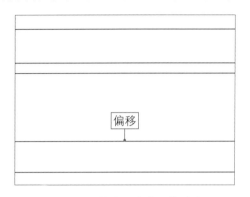

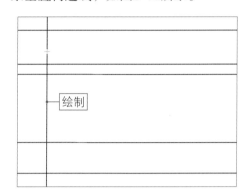

图 3-91　偏移 3 次水平构造线　　　　　图 3-92　绘制垂直构造线

步骤 05 执行O（偏移）命令并确认，依次将垂直构造线向右偏移5次，偏移的距离分别为500、1200、900、900、1350，如图3-93所示。

步骤 06 至此，构造线就绘制完成了，在"图层特性管理器"面板中更改构造线的颜色为红色，设置线型样式为CENTER，设置全局比例因子为10，效果如图3-94所示。

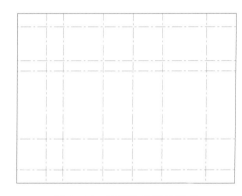

图 3-93　偏移 5 次垂直构造线　　　　　图 3-94　设置构造线的样式

★ **专家指点** ★

除了可以运用上述方法调用"构造线"命令，还可以使用以下两种方法。

· 命令：显示菜单栏，选择"绘图"|"构造线"命令。

· 按钮：单击功能区中的"默认"选项卡，在"绘图"面板中单击中间的下拉按钮，在展开的面板中单击"构造线"按钮 。

使用以上任意一种方法，均可调用"构造线"命令。

3.8.2 通过"多线"命令绘制建筑墙体..

扫码看教程▶

在上一节中，通过"构造线"命令将墙体的辅助线绘制完成了，接下来通过"多线"

命令绘制建筑的墙体。首先，大家需要掌握绘制多线的快捷命令ML。绘制多线具体步骤如下。

步骤01 新建"图层1"图层，并将其置为当前层，更改多线的颜色为黑色，设置线型样式为Continuous，在绘图区中输入ML（多线）命令，如图3-95所示。

步骤02 按空格键确认，根据命令行提示进行操作，输入J（对正）命令并确认，在弹出的快捷菜单中选择"无"命令，如图3-96所示。

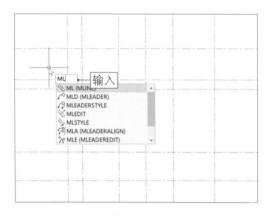

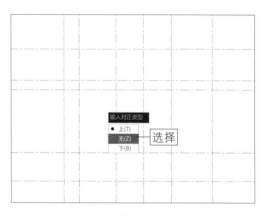

图 3-95　输入 ML（多线）命令　　　　　　　　图 3-96　选择"无"命令

★ 专家指点 ★

除了可以运用上述方法调用"多线"命令，还可以使用以下两种方法。

·命令1：显示菜单栏，选择"绘图"|"多线"命令。

·命令2：在命令行中输入 MLINE（多线）命令，并按【Enter】键确认。

使用以上任意一种方法，均可调用"多线"命令。

步骤03 根据命令行提示进行操作，输入S（比例）命令并确认，设置比例为240并确认，然后开始沿构造线绘制墙体，如图3-97所示。

步骤04 用相同的方法，再次执行ML（多线）命令，绘制其他的墙体线段，效果如图3-98所示。

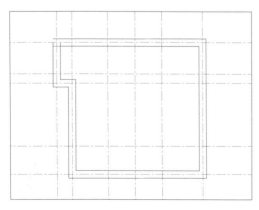

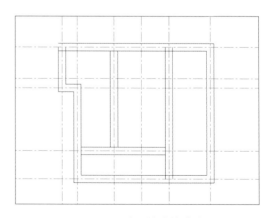

图 3-97　开始绘制墙体　　　　　　　　　　图 3-98　绘制其他的墙体

第 4 章

编辑二维图形对象

为了绘制所需要的图形，人们经常需要借助一些编辑和修改命令对图形进行相应的编辑。AutoCAD 2022 提供了多种实用、有效的编辑命令，包括移动图形、删除图形、旋转图形、修剪图形、镜像图形及缩放图形等。利用这些命令可以对所绘制的图形进行相应的修改，以得到最终效果。本章主要介绍编辑与修改室内二维图形对象的方法。

────────────── 本章重点 ──────────────

· 管理二维图形对象　　　　　　　　· 修改二维图形对象

4.1 管理二维图形对象

AutoCAD 2022提供了对单一图形对象的多种管理操作，比如移动、删除、旋转、修剪、复制、镜像、圆角及分解等操作。本节主要讲解管理二维图形对象的方法。

4.1.1 移动图形 ....

扫码看教程▶

移动图形的快捷命令是M。在绘制图形时，若绘制的图形位置错误，可以对图形进行移动操作。移动图形仅仅是位置上的平移，图形的方向和大小并不会改变。

移动图形包括两种操作方式，一种是根据指定位置进行移动；另一种是根据指定距离进行移动。下面对这两种移动方式分别进行介绍。

1. 通过两点移动图形对象

下面介绍通过两点移动图形对象的方法，具体步骤如下。

步骤01 按【Ctrl+O】组合键，打开一幅素材图形（资源\素材\第4章\酒具.dwg），如图4-1所示。

步骤02 在绘图区中，输入M（移动）命令，如图4-2所示，按【Enter】键确认。

图 4-1　打开一幅素材图形

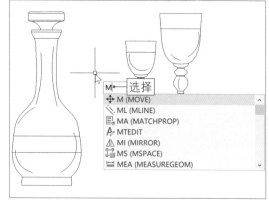

图 4-2　输入 M（移动）命令

★ 专家指点 ★

用户还可以通过以下3种方法，调用"移动"命令。

· 命令1：在命令行中输入M（移动）命令，并按【Enter】键确认。

· 命令2：显示菜单栏，选择"修改"|"移动"命令。

· 按钮：单击功能区中的"默认"选项卡，在"修改"面板中单击"移动"按钮✛。

使用以上任意一种方法，均可调用"移动"命令。

步骤03 根据命令行提示进行操作，在绘图区中选择两个酒杯作为移动对象，按【Enter】键确认，在酒杯的中点上单击，确定基点，如图4-3所示。

步骤 04 向下引导光标，至合适位置后单击，即可移动对象，效果如图4-4所示。

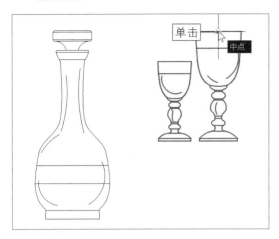

图 4-3　在酒杯的中点上单击

图 4-4　移动对象

2. 根据指定距离进行移动操作

在AutoCAD 2022中，不仅可以通过两点来移动图形对象，还可以通过指定移动的距离来移动图形对象，具体步骤如下。

步骤 01 按【Ctrl+O】组合键，打开一幅素材图形（资源\素材\第4章\组合沙发.dwg），如图4-5所示。

步骤 02 在命令行中输入M（移动）命令，并按空格键确认，在绘图区中选择右侧的茶几作为移动对象，如图4-6所示。

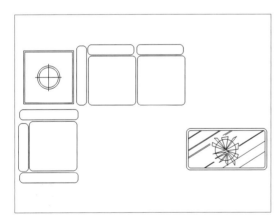

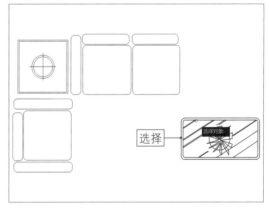

图 4-5　打开一幅素材图形

图 4-6　选择茶几作为移动对象

步骤 03 按空格键确认，在茶几中间的圆心上单击，如图4-7所示，确定移动的基点。

步骤 04 根据命令行提示进行操作，向左引导光标，输入1000，如图4-8所示。

編辑二维图形对象

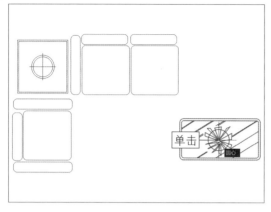

图 4-7　确定移动的基点

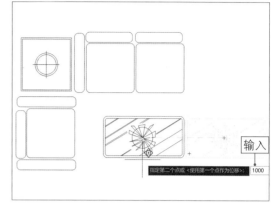

图 4-8　向左引导光标输入 1000

★ 专家指点 ★

在操作图形的时候，如果通过指定移动距离来移动图形对象，建议用户打开 AutoCAD 的正交功能，可以保证图形在水平或垂直的方向进行移动操作。

步骤05 按空格键确认，即可通过指定距离移动图形对象，效果如图4-9所示。

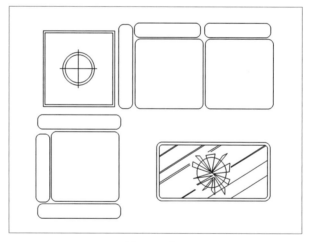

图 4-9　通过指定距离移动图形对象

4.1.2　删除图形

扫码看教程 ▶

在AutoCAD 2022中，删除图形是一个常用的操作，当不需要使用某个图形时，可以将其删除。

人们用得比较多的删除图形的方法，是按键盘上的【Delete】键，直接删除图形。下面介绍删除图形的快捷命令E，使用此命令删除图形的具体步骤如下。

步骤01 按【Ctrl+O】组合键，打开一幅素材图形（资源\素材\第4章\餐桌.dwg），如图4-10所示。

★ 专家指点 ★

通过以下 3 种方法，也可以调用"删除"命令。

·命令 1：在命令行中输入 ERASE（删除）命令，并按【Enter】键确认。

·命令 2：显示菜单栏，选择"修改"|"删除"命令。

·按钮：在"默认"选项卡中，单击"修改"面板中的"删除"按钮 ✎。

使用以上任意一种方法，均可调用"删除"命令。

步骤 02 在绘图区中输入 E（删除）命令，如图4-11所示。

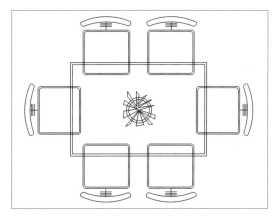

图 4-10　**打开一幅素材图形**

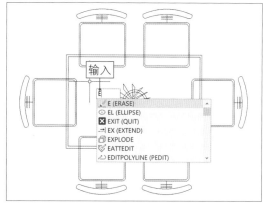

图 4-11　**输入 E（删除）命令**

步骤 03 按空格键确认，在绘图区中框选需要删除的图形对象，如图4-12所示。

步骤 04 按空格键确认，即可删除不需要的图形，效果如图4-13所示。

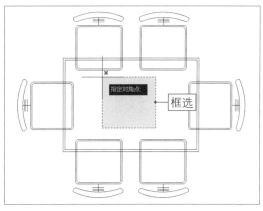

图 4-12　**框选需要删除的图形对象**

图 4-13　**删除不需要的图形**

4.1.3 │ 旋转图形 ....

扫码看教程▶

在AutoCAD 2022中，旋转图形对象是指让图形对象围绕某个基点，按照指定的角度进行旋转操作。下面介绍旋转对象的方法。

步骤 01 按【Ctrl+O】组合键，打开一幅素材图形（资源\素材\第4章\计算机桌.dwg），如图4-14所示。

★ 专家指点 ★

通过以下3种方法，也可以调用"旋转"命令。

☺ 命令1：在命令行中输入ROTATE（旋转）命令，并按【Enter】键确认。

☺ 命令2：在命令行中输入RO（旋转）命令，并按【Enter】键确认。

☺ 命令3：显示菜单栏，选择"修改"|"旋转"命令。

使用以上任意一种方法，均可调用"旋转"命令。

步骤 02 单击功能区中的"默认"选项卡，在"修改"面板中单击"旋转"按钮，如图4-15所示。

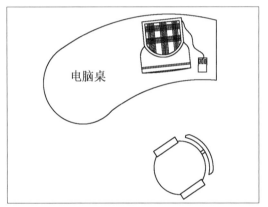

图 4-14　**打开一幅素材图形**

图 4-15　**单击"旋转"按钮**

步骤 03 根据命令行提示进行操作，在绘图区中选择需要旋转的图形对象，如图4-16所示。

步骤 04 按【Enter】键确认，在合适的端点上单击，确定基点，如图4-17所示。

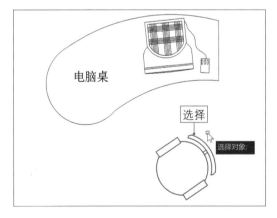

图 4-16　**选择需要旋转的图形对象**

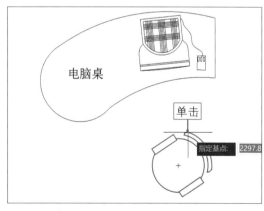

图 4-17　**确定基点**

步骤 05 根据绘图区的提示指定旋转角度，输入-90，如图4-18所示，并按【Enter】键确认。

步骤 06 执行操作后，即可旋转图形对象，效果如图4-19所示。

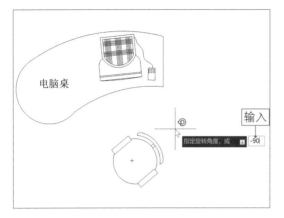

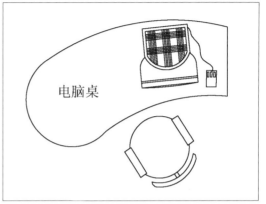

图 4-18　**根据提示输入 -90**　　　　　　　图 4-19　**旋转图形对象**

4.1.4　修剪图形 ....

扫码看教程▶

在绘图的时候"修剪"命令使用得非常频繁。修剪是指修剪对象的边以匹配其他的边，这个边是指线条，按住【Shift】键可以实现延伸。下面通过相应实例讲解修剪图形的操作方法。

1. 快速修剪图形

"修剪"命令可以用来修剪直线、圆弧、圆、椭圆、椭圆弧、构造线、多段线和块等图形对象。下面来看一个简单的修剪实例，如图4-20所示，如何将下面左图修剪成右图的效果呢？其实方法很简单，具体步骤如下。

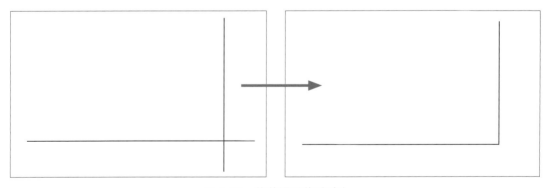

图 4-20　**修剪图形前后对比**

步骤 01 在绘图区中输入TR（修剪）命令，按空格键确认，如图4-21所示。

步骤 02 进入修剪状态后，直接修剪下方和右侧多余的直线，能修剪的直线呈虚线状，如图4-22所示，此时单击即可完成图形的快速修剪。只要是交叉的边，都可以使用这种方法进行快速修剪。

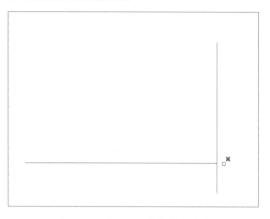

图 4-21　执行 TR（修剪）命令

图 4-22　修剪多余的线段

2. 特殊的修剪法

下面介绍一种比较特殊、快捷的修剪方法，具体步骤如下。

步骤 01 按【Ctrl+O】组合键，打开一幅素材图形（资源\素材\第4章\辅助线.dwg），如图4-23所示。

步骤 02 输入TR（修剪）命令，按空格键确认，根据命令行提示进行操作，输入T（剪切边）命令，如图4-24所示。

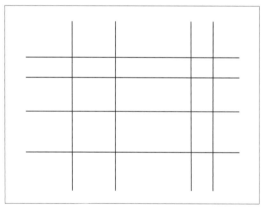

图 4-23　打开一幅素材图形

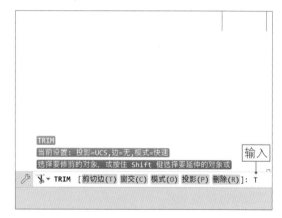

图 4-24　输入 T（剪切边）命令

★ **专家指点** ★

通过以下 3 种方法，也可以调用"修剪"命令。

· 命令 1：在命令行中输入 TRIM（修剪）命令，并按【Enter】键确认。

· 命令 2：显示菜单栏，选择"修改"|"修剪"命令。

· 按钮：单击功能区中的"默认"选项卡，在"修改"面板中单击"修剪"按钮▼。

使用以上任意一种方法，均可调用"修剪"命令。

步骤 03 按空格键确认，选择最左侧相交的直线段，如图4-25所示。

步骤 04 再次按空格键确认，接下来向下拖动鼠标进行修剪，如图4-26所示。

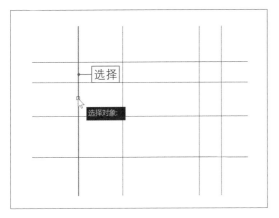

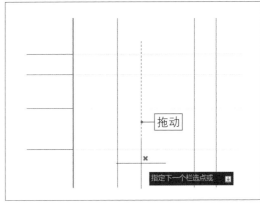

图 4-25　选择最左侧相交的直线段　　　　图 4-26　向下拖动鼠标进行修剪

步骤 05 将鼠标指针移至下方的合适位置后单击，此时，凡是虚线触碰到的线段全部会被剪掉，一次到位，这样大大提高了操作效率，效果如图4-27所示。

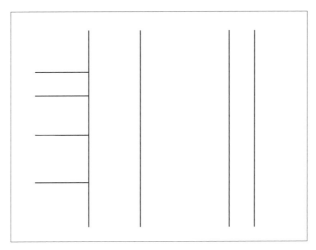

图 4-27　虚线触碰到的线段全部被剪掉

3. 使用"修剪"命令修剪办公桌

下面以修剪办公桌图形为例，介绍"修剪"命令具体应用技巧，理论与案例相结合，读者才能学得更好，具体步骤如下。

步骤 01 按【Ctrl+O】组合键，打开一幅素材图形（资源\素材\第4章\办公桌.dwg），如图4-28所示。

步骤 02 单击功能区中的"默认"选项卡，在"修改"面板中单击"修剪"按钮￥，如图4-29所示。

编辑二维图形对象

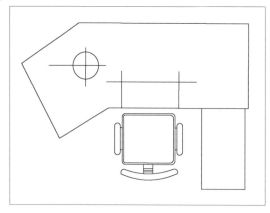

图 4-28　打开一幅素材图形

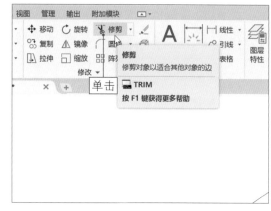

图 4-29　单击"修剪"按钮

步骤 03 将鼠标指针移至需要修剪的线段上，此时线段将显示为灰色，如图4-30所示，表示可以对该线段进行修剪操作，单击即可修剪图形。

步骤 04 用相同的方法，依次在其他需要修剪的线段上单击，即可修剪办公桌图形，效果如图4-31所示。

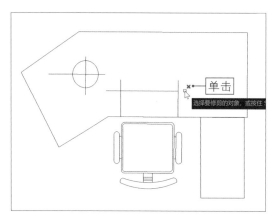

图 4-30　将鼠标指针移至需要修剪的线段上

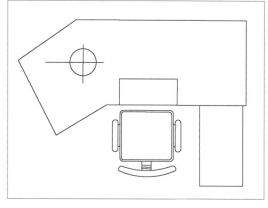

图 4-31　修剪办公桌图形

★ 专家指点 ★

执行"修剪"命令后，通过拖动鼠标的方式，可以一次性修剪多条不需要的线段。

4.1.5　复制图形

扫码看教程▶

在AutoCAD 2022中，复制图形是指将对象复制到指定方向的指定距离处。使用"复制"命令可以一次复制出一个或多个相同的对象，使图形的绘制更加方便、快捷。大家在学习复制图形操作的时候，要掌握复制图形的快捷命令CO，并掌握阵列复制的方法。

1. 通过快捷命令快速复制厨具图形

下面以复制厨具图形为例，介绍复制图形的方法，具体操作步骤如下。

步骤 01 按【Ctrl+O】组合键，打开一幅素材图形（资源\素材\第4章\厨具.dwg），如图4-32所示。

步骤 02 输入CO（复制）命令，按空格键确认，在命令行提示下，选择绘图区下方的厨具图形作为复制对象，如图4-33所示。

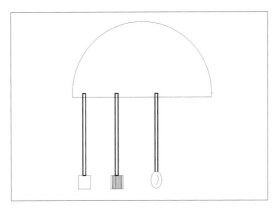

图 4-32　打开一幅素材图形

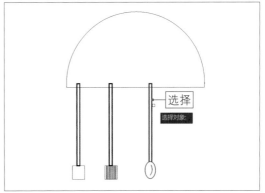

图 4-33　选择厨具图形作为复制对象

★ 专家指点 ★

在复制图形的过程中，当捕捉好复制的基点后，向右引导光标时，输入相应的位移距离，也可以复制图形对象。

步骤 03 按空格键确认，捕捉图形上的交点作为复制的基点，向右引导光标，如图4-34所示。

步骤 04 至合适位置后单击，即可复制图形对象，按空格键确认操作，效果如图4-35所示。

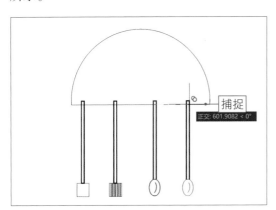

图 4-34　确定基点向右引导光标

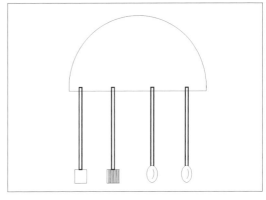

图 4-35　复制图形对象

★ 专家指点 ★

单击功能区中的"默认"选项卡，在"修改"面板中单击"复制"按钮 ；或者在菜单栏中选择"修改"｜"复制"命令，也可以快速复制图形对象。

2. 通过阵列复制制作床头柜

如果需要复制的图形比较多，可以采用阵列复制的方式，即通过输入具体参数来等比例复制多个图形对象。这样复制出来的图形更加精确，具体步骤如下。

步骤 01 按【Ctrl+O】组合键，打开一幅素材图形（资源\素材\第4章\床头柜.dwg），如图4-36所示。

步骤 02 输入CO（复制）命令，按空格键确认，选择上方的小圆作为要复制的对象，如图4-37所示。

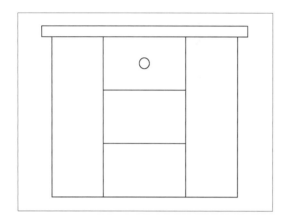

图 4-36　**打开一幅素材图形**　　　　图 4-37　**选择上方的小圆对象**

步骤 03 按空格键确认，拾取床头柜左上角的端点作为复制的基点，如图4-38所示。

步骤 04 根据绘图区中的提示进行操作，输入A（阵列）命令，如图4-39所示。

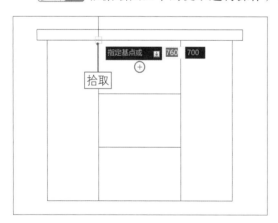

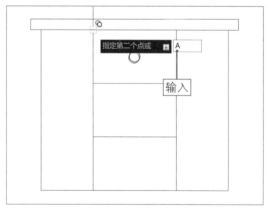

图 4-38　**拾取端点作为复制的基点**　　　图 4-39　**输入 A（阵列）命令**

步骤 05 按空格键确认，输入需要阵列的数量，输入3，按空格键确认，向下引导光标，如图4-40所示。

步骤 06 至合适的端点上单击，再按空格键确认，即可阵列复制图形对象，效果如图4-41所示。

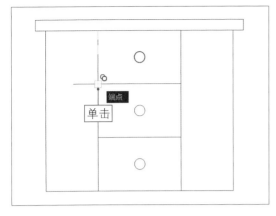

图 4-40　输入阵列数量向下引导光标

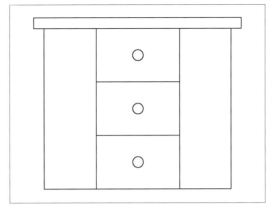

图 4-41　预览阵列复制后的图形效果

★ 专家指点 ★

阵列复制图形的方法，既高效又快速，而且图形之间的间距是相等的，使用手动复制的方法，图形之间的间距就会出现宽窄不一的情况。因此，如果需要复制多个规则排列的图形对象，可以采用阵列复制的方法进行操作。

4.1.6　镜像图形 ....

扫码看教程 ▶

在AutoCAD 2022中，使用"镜像"命令可以将图形对象按指定的轴线进行对称变换，绘制出呈对称显示的图形对象。在绘制对称图形对象时，可以快速绘制半个图形对象，然后将其镜像，来创建一个完整的对象。下面介绍镜像图形对象的方法。

步骤01 按【Ctrl+O】组合键，打开一幅素材图形（资源\素材\第4章\方形餐桌.dwg），如图4-42所示。

步骤02 单击功能区中的"默认"选项卡，在"修改"面板中单击"镜像"按钮，如图4-43所示。

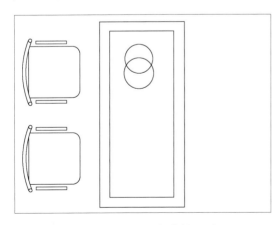

图 4-42　打开一幅素材图形

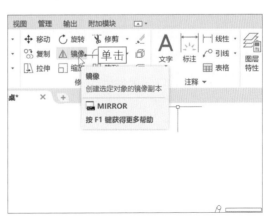

图 4-43　单击"镜像"按钮

步骤 03 根据命令行提示进行操作，在绘图区中选择需要镜像的图形对象，如图4-44所示，并按【Enter】键确认。

步骤 04 捕捉餐桌图形上方直线的中点作为镜像线上的点，单击鼠标左键，向下引导光标，至合适位置后单击，并按【Enter】键确认，即可镜像图形对象，效果如图4-45所示。

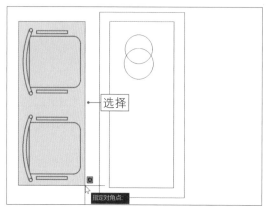

图 4-44　选择需要镜像的图形对象

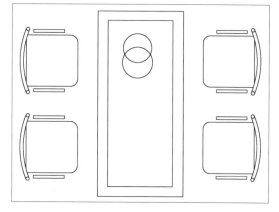

图 4-45　镜像图形对象

★ 专家指点 ★

通过以下3种方法，也可以调用"镜像"命令。

⊙ 命令1：在命令行中输入MIRROR（镜像）命令，并按【Enter】键确认。

⊙ 命令2：在命令行中输入MI（镜像）命令，并按【Enter】键确认。

⊙ 命令3：显示菜单栏，选择"修改"|"镜像"命令。

使用以上任意一种方法，均可调用"镜像"命令。

4.1.7　圆角图形 ....

扫码看教程▶

在AutoCAD 2022中，使用"圆角"命令可以在两条线段或多段线之间形成光滑的弧线，以消除尖锐的角，还能对多段线的多个端点进行圆角操作。在前面的矩形的绘制时，同时介绍了圆角矩形与倒角矩形的绘制方法，本节主要介绍对图形进行圆角与倒角处理的方法，希望大家熟练掌握本节内容。

1. 对图形进行圆角处理

首先需要掌握圆角操作的快捷键F，下面介绍对图形进行圆角处理的方法，步骤如下。

步骤 01 按【Ctrl+O】组合键，打开一幅素材图形（资源\素材\第4章\壁炉.dwg），如图4-46所示。

步骤 02 输入F（圆角）命令，按空格键确认。根据命令行提示进行操作，指定圆角的半径参数，输入R（半径）命令，如图4-47所示。

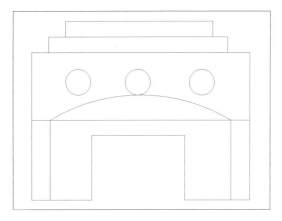

图 4-46　打开一幅素材图形

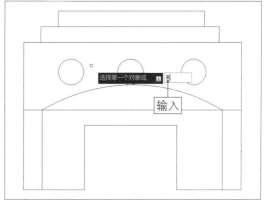

图 4-47　输入 R（半径）命令

步骤 03 按空格键确认，输入10并确认，选择上方与左侧的直线，如图4-48所示。

步骤 04 执行操作后，即可对图形进行圆角处理，效果如图4-49所示。

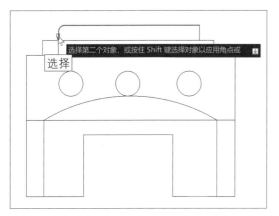

图 4-48　选择上方与左侧的直线

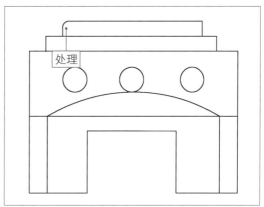

图 4-49　对图形进行圆角处理

步骤 05 用相同的方法，对图形中的其他对象进行圆角处理，效果如图4-50所示。

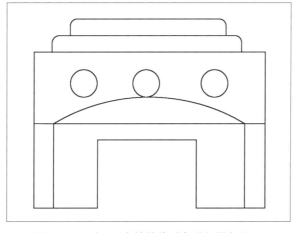

图 4-50　对图形中的其他对象进行圆角处理

★ 专家指点 ★

单击功能区中的"默认"选项卡,在"修改"面板中单击"圆角"按钮 ；或者在菜单栏中选择"修改"|"圆角"命令,也可以快速对图形进行圆角处理。

2. 对图形进行倒角处理

在建筑装潢制图中,使用"倒角"命令,可以对多段线进行倒角,甚至可以一次性对多段线的所有折角进行倒角。倒角与圆角的区别在于,圆角是一种呈圆弧状的角,而倒角类似于一种切角的效果。下面介绍对图形进行倒角处理的操作方法。

步骤01 按【Ctrl+O】组合键,打开一幅素材图形(资源\素材\第4章\洗衣机.dwg),如图4-51所示。

步骤02 输入CHA(倒角)命令,按空格键确认。根据命令行提示进行操作,输入D(距离)命令并确认,输入距离值30,如图4-52所示。

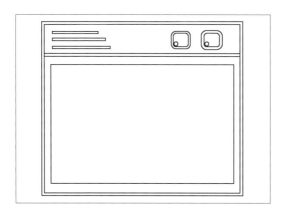

图 4-51　打开一幅素材图形

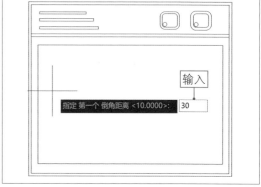

图 4-52　输入距离值 30

步骤03 连续按两次【空格】键确认,在绘图区中依次选择左侧竖直直线和上方水平直线,进行倒角处理,效果如图4-53所示。

步骤04 用相同的方法,按空格键继续对其他的图形进行倒角处理,即可完成对图形的倒角操作,效果如图4-54所示。

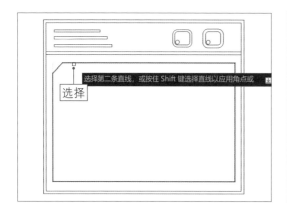

图 4-53　进行倒角处理

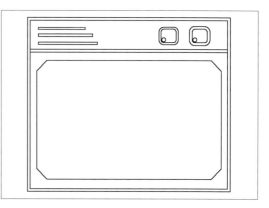

图 4-54　按空格键继续倒角操作

★ 专家指点 ★

单击功能区中的"默认"选项卡，在"修改"面板中单击"倒角"按钮 ╱ ；或者在菜单栏中选择"修改" | "倒角"命令，也可以快速对图形进行倒角处理。

4.1.8 | 分解图形 ....

扫码看教程▶

在AutoCAD 2022中，分解的快捷命令是X。使用"分解"命令可以将一个整体图形，如图块、多段线、矩形等分解为多个独立的图形对象。前面讲解过直线与多段线的区别，直线是单独的一条一条的线段，而多段线是一个整体。那么，从多段线变成直线的过程，就是一个分解的过程。下面介绍分解图形的操作方法。

步骤 01 按【Ctrl+O】组合键，打开一幅素材图形（资源\素材\第4章\电视组合.dwg），此图形中的对象是多段线，如图4-55所示。

步骤 02 单击功能区中的"默认"选项卡，在"修改"面板中单击"分解"按钮 ╭ 。根据命令行提示进行操作，选择需要分解的多段线对象，如图4-56所示。

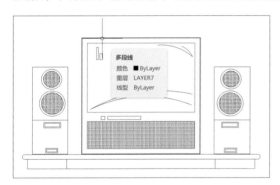

图 4-55 **图形中的对象是多段线**

图 4-56 **选择需要分解的多段线**

步骤 03 按空格键确认，即可分解图形对象。被分解后的多段线显示为直线对象，如图4-57所示。

步骤 04 在直线上单击，可以单独被选择，如图4-58所示。

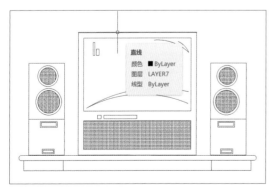

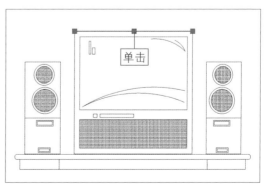

图 4-57 **分解图形对象**

图 4-58 **单独选择直线**

★ 专家指点 ★

通过以下3种方法，也可以调用"分解"命令。

· 命令1：在命令行中输入EXPLODE（分解）命令，并按【Enter】键确认。

· 命令2：在命令行中输入命令X（分解），并按【Enter】键确认。

· 命令3：显示菜单栏，选择"修改"|"分解"命令。

使用以上任意一种方法，均可调用"分解"命令。

4.1.9 合并图形

扫码看教程▶

上一节讲解的是分解图形对象，与该操作相反的就是合并图形对象。合并图形对象有多种方法，下面一一讲解。

1. 通过PE命令合并多段线

在AutoCAD 2022中，PE是"编辑多段线"的快捷命令，下面来看一个实例。

步骤 01 按【Ctrl+O】组合键，打开一幅素材图形（资源\素材\第4章\台灯.dwg），如图4-59所示。

步骤 02 输入PE（编辑多段线）命令，按空格键确认。根据命令行提示进行操作，输入M（多条）命令并确认，根据绘图区中的提示进行操作，选择需要合并的4条直线，如图4-60所示。

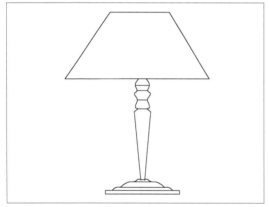

图4-59 已经被分解的多段线

图4-60 选择要合并的4条直线

步骤 03 按空格键确认，命令行提示是否将直线转换为多段线，这里输入Y（是），如图4-61所示。

步骤 04 按空格键确认，弹出列表框，选择"合并"选项，如图4-62所示。

★ 专家指点 ★

单击功能区中的"默认"选项卡，单击"修改"面板中间的下三角按钮，展开"修改"面板，单击"编辑多段线"按钮，也可以快速执行PE命令。

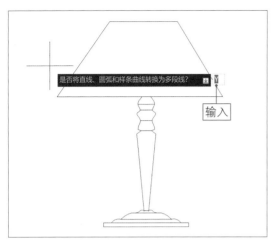

图 4-61　输入 Y（是）

图 4-62　选择"合并"选项

步骤 05 提示用户输入模糊距离，这里输入5，如图4-63所示。

步骤 06 按两次【空格】键确认，即可将直线合并为多段线，效果如图4-64所示。

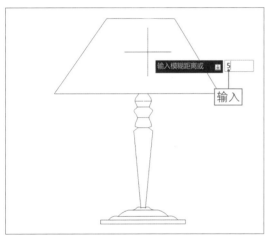

图 4-63　提示用户输入模糊距离

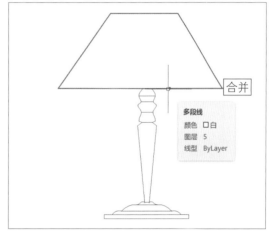

图 4-64　将直线合并为多段线

2.通过BO命令合并多段线

在AutoCAD 2022中，BO是"边界"的快捷命令。使用"边界"命令可以分析由对象组成的"边界集"，用户可以选择用于定义面域的一个或多个闭合区域创建面域。下面介绍通过"边界"命令合并多段线的方法，具体步骤如下。

步骤 01 按【Ctrl+O】组合键，打开一幅素材图形（资源\素材\第4章\电话.dwg），如图4-65所示。

步骤 02 输入BO（边界）命令，按空格键确认，弹出"边界创建"对话框，单击"拾取点"按钮，如图4-66所示。

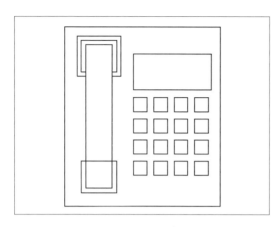

图 4-65　打开一幅素材图形

图 4-66　单击"拾取点"按钮

步骤 03 将鼠标指针移至图形内部，单击鼠标左键，即可拾取多段线、直线等对象，如图4-67所示。

步骤 04 按空格键确认，即可通过"边界"命令合并图形对象，如图4-68所示。将鼠标指针放在图形上，显示"多段线"字样，表示图形已合并。

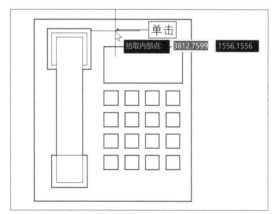

图 4-67　拾取多段线、直线等对象

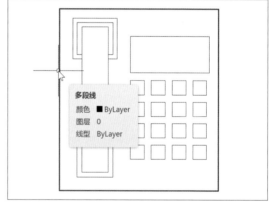

图 4-68　通过"边界"命令合并图形

★ **专家指点** ★

单击功能区中的"默认"选项卡，在"绘图"面板中单击"图案填充"右侧的下拉按钮，在弹出的列表框中单击"边界"按钮，或者在菜单栏中选择"绘图"|"边界"命令，也可以执行BO（边界）命令。

3. 通过GROUP命令合并多段线

在 AutoCAD 2022 中，GROUP 是"组"命令，是指将某些对象组成一个群体，方便用户对整个图形进行修改。下面介绍通过"组"命令合并图形的方法，步骤如下。

步骤 01 按【Ctrl+O】组合键，打开一幅素材图形（资源\素材\第4章\鞋柜.dwg），如图4-69所示。

步骤02 输入G（组）命令，如图4-70所示，按空格键确认。

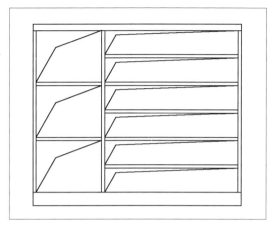

图 4-69 **打开一幅素材图形**

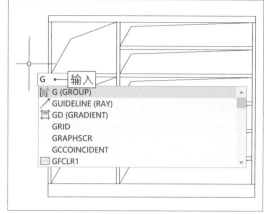

图 4-70 **输入 G（组）命令**

步骤03 在绘图区中框选需要组合的图形对象，如图4-71所示。

步骤04 按空格键确认，即可将多个单独的图形组合成一个整体。此时，在图形中单击某根线条的时候，整个图形都将被选中，如图4-72所示。

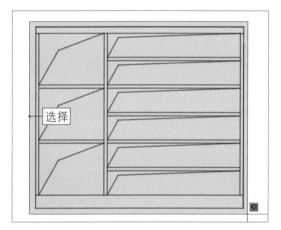

图 4-71 **框选需要组合的图形对象**

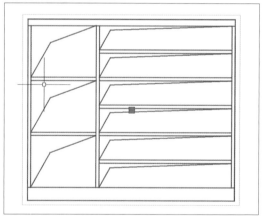

图 4-72 **将多个单独的图形组合成一个整体**

★ 专家指点 ★

通过以下两种方法，也可以调用"组"命令。

· 命令1：在命令行中输入 GROUP（组）命令，并按【Enter】键确认。

· 命令2：在需要编组的对象上单击鼠标右键，在弹出的快捷菜单中选择"组"|"组"命令。

4.2 修改二维图形对象

在绘图过程中，常常需要对图形对象进行修改。在AutoCAD 2022中，可以使用"拉伸""拉长""缩放""阵列""偏移"等命令对图形进行修改操作。

扫码看教程▶

4.2.1 拉伸图形

使用"拉伸"命令可以将选择的图形按规定的方向和角度进行拉伸或缩短，以改变图形的形状。下面介绍拉伸图形对象的方法。

步骤01 按【Ctrl+O】组合键，打开一幅素材图形（资源\素材\第4章\电视机平面.dwg），如图4-73所示。

步骤02 单击功能区中的"默认"选项卡，在"修改"面板中单击"拉伸"按钮，如图4-74所示。

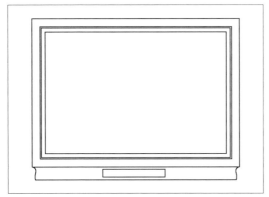

图 4-73　**打开一幅素材图形**

图 4-74　**单击"拉伸"按钮**

步骤03 根据命令行提示进行操作，在绘图区中选择相应的图形，如图4-75所示，并按【Enter】键确认。

步骤04 在绘图区中最右侧边的中点上单击，确定基点，如图4-76所示。

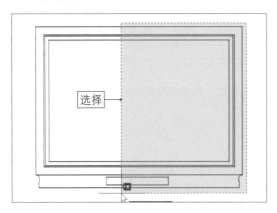

图 4-75　**选择相应的图形**

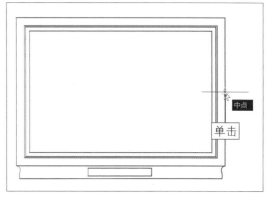

图 4-76　**确定基点**

步骤05 向右引导光标，输入200，如图4-77所示，并按【Enter】键确认。

步骤06 执行操作后，即可拉伸图形对象，效果如图4-78所示。在拉伸图形对象的过程中，可以开启正交功能，使图形在水平或垂直方向上拉伸。

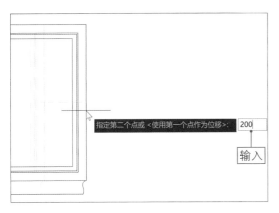

图 4-77　在命令行中输入 200

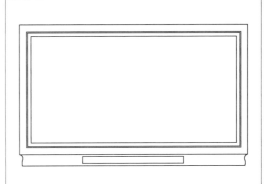

图 4-78　拉伸图形对象

★ 专家指点 ★

通过以下 3 种方法，也可以调用"拉伸"命令。

·命令 1：在命令行中输入 STRETCH（拉伸）命令，并按【Enter】键确认。

·命令 2：在命令行中输入 S（拉伸）命令，并按【Enter】键确认。

·命令 3：显示菜单栏，选择"修改"|"拉伸"命令。

使用以上任意一种方法，均可调用"拉伸"命令。

4.2.2 拉长图形..

扫码看教程 ▶

"拉长"命令用于改变圆弧的角度，或者改变非封闭图形的长度，包括直线、圆弧、非闭合多段线、椭圆弧和非封闭样条曲线。下面介绍拉长对象的操作步骤。

步骤 01 按【Ctrl+O】组合键，打开一幅素材图形（资源\素材\第4章\电饭煲.dwg），如图4-79所示。

步骤 02 在功能区中的"默认"选项卡中，单击"修改"面板中间的下拉按钮，在展开的面板中单击"拉长"按钮 ，如图4-80所示。

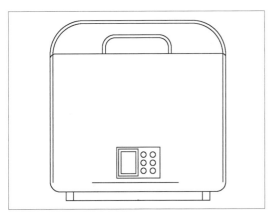

图 4-79　打开一幅素材图形

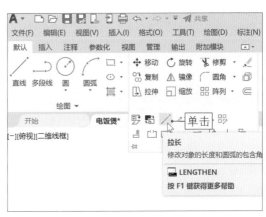

图 4-80　单击"拉长"按钮

★ 专家指点 ★

通过以下3种方法，也可以调用"拉长"命令。

·命令1：在命令行中输入LENGTHEN（拉长）命令，并按【Enter】键确认。

·命令2：在命令行中输入LEN（拉长）命令，并按【Enter】键确认。

·命令3：显示菜单栏，选择"修改"|"拉长"命令。

使用以上任意一种方法，均可调用"拉长"命令。

步骤03 根据命令行提示输入DE（增量），如图4-81所示，按【Enter】键确认。

图 4-81　输入 DE（增量）

步骤04 继续输入长度值90，如图4-82所示，并按【Enter】键确认。

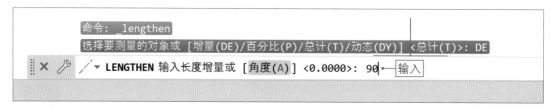

图 4-82　输入长度值 90

步骤05 在线段左侧单击，即可拉长图形对象，如图4-83所示。

步骤06 在线段右侧继续单击，可再次拉长图形对象，如图4-84所示。

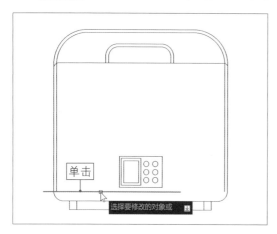

图 4-83　拉长图形对象

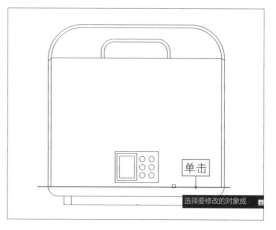

图 4-84　完成图形对象的拉长

步骤07 按【Enter】键确认，即可完成图形对象的拉长处理，如图4-85所示。

步骤08 使用TR（修剪）命令，对图形进行适当修剪操作，效果如图4-86所示。

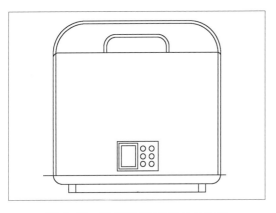

图 4-85 完成图形对象的拉长处理　　　　图 4-86 对图形进行适当修剪

4.2.3 缩放图形

扫码看教程▶

执行"缩放"命令后，可以输入缩放的比例因子。这个比例因子表示缩放的倍数，比如，要将图形放大到两倍，就输入2；如果要将图形缩小一半，那么输入0.5。下面通过一个实例，讲解具缩放图形的方法。

步骤01 按【Ctrl+O】组合键，打开一幅素材图形（资源\素材\第4章\滚筒洗衣机.dwg），如图4-87所示。

步骤02 在功能区中的"默认"选项卡中，单击"修改"面板中的"缩放"按钮□，选择圆作为缩放对象，如图4-88所示。

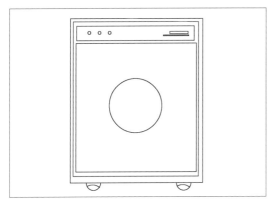

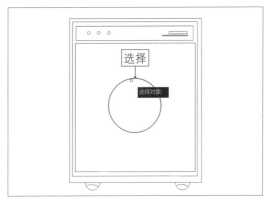

图 4-87 打开一幅素材图形　　　　图 4-88 选择圆作为缩放对象

★ 专家指点 ★

通过以下 3 种方法，也可以调用"缩放"命令。

· 命令 1：在命令行中输入 SCALE（缩放）命令，并按【Enter】键确认。

· 命令 2：在命令行中输入 SC（缩放）命令，并按【Enter】键确认。

· 命令 3：显示菜单栏，选择"修改"|"缩放"命令。

使用以上任意一种方法，均可调用"缩放"命令。

步骤03 按空格键确认，指定圆心作为缩放基点。这里输入缩放比例2，表示将圆放大两倍，如图4-89所示。

步骤04 按空格键确认，即可完成图形的缩放操作，效果如图4-90所示。

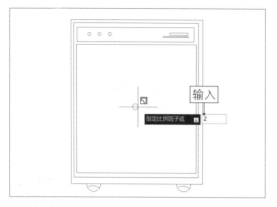

图 4-89　输入缩放比例 2

图 4-90　完成图形的缩放操作

4.2.4　阵列图形

扫码看教程▶

在AutoCAD 2022中，阵列是指将图形对象沿着矩形或圆形路径进行有序的排列。常见的有矩形阵列和环形阵列两种方式，下面进行具体讲解。

1. 矩形阵列

使用"矩形阵列"命令，可以将对象副本分布到行、列和标高。矩形阵列就是将图形以矩形的形式进行排列，用于多次重复绘制呈行状排列的图形，如建筑物立面图的窗格、摆设规律的桌椅等。下面介绍具体的操作步骤。

步骤01 按【Ctrl+O】组合键，打开一幅素材图形（资源\素材\第4章\沙发组合.dwg），如图4-91所示。

步骤02 输入AR（阵列）命令，按空格键确认，在绘图区中选择最上方的沙发作为阵列对象，如图4-92所示。

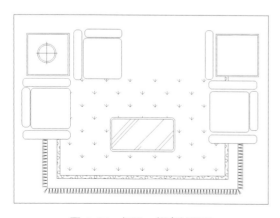

图 4-91　打开一幅素材图形

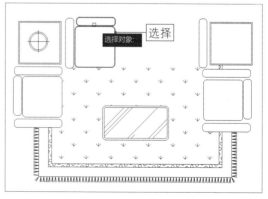

图 4-92　选择沙发作为阵列对象

步骤 03 按空格键确认，弹出列表框，选择"矩形"选项，如图4-93所示。

步骤 04 此时，绘图区中已显示阵列的多个沙发，如图4-94所示。

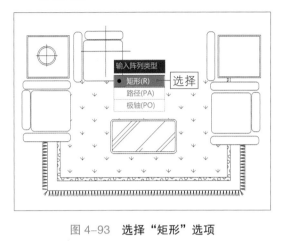

图 4-93 **选择"矩形"选项**

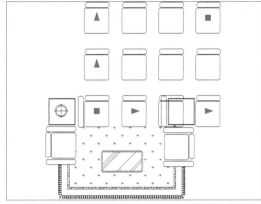

图 4-94 **显示阵列的多个沙发**

步骤 05 在"阵列创建"选项卡中，设置"列数"为3、"行数"为1；设置第一个"介于"为600，表示列间距；设置第二个"介于"为1，表示行间距。因为我们这里只阵列一行，所以这个数值在本例中毫无意义，具体参数设置如图4-95所示。

步骤 06 设置完成后按【Enter】键确认，即可对沙发进行矩形阵列，效果如图4-96所示。

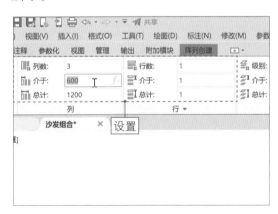

图 4-95 **设置阵列的相关参数**

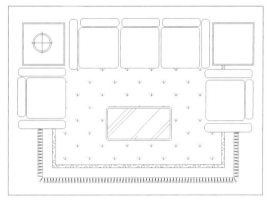

图 4-96 **对沙发进行矩形阵列**

★ **专家指点** ★

在"默认"选项卡的"修改"面板中，单击"阵列"右侧的下三角按钮，在弹出的列表框中选择"矩形阵列"选项，也可以对图形进行矩形阵列。

2. 环形阵列

使用"环形阵列"命令，可以将图形以某一点为中心点进行环形复制，阵列结果是阵列对象在中心点的四周均匀排列成环形。下面介绍通过"环节阵列"命令阵列圆桌椅子的方法。

步骤 01 按【Ctrl+O】组合键，打开一幅素材图形（资源\素材\第4章\圆桌.dwg），如图4-97所示。

步骤 02 在"默认"选项卡的"修改"面板中，单击"阵列"右侧的下三角按钮，在弹出的列表框中选择"环形阵列"选项，如图4-98所示。

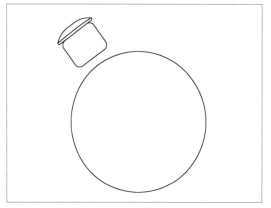

图 4-97 打开一幅素材图形

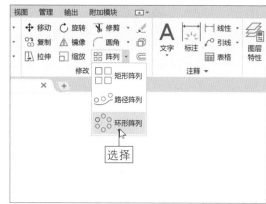

图 4-98 选择"环形阵列"选项

步骤 03 在绘图区中选择椅子作为环形阵列对象，如图4-99所示。

步骤 04 按空格键确认，捕捉圆心作为阵列中心点，如图4-100所示。

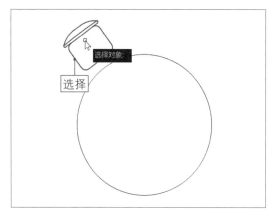

图 4-99 选择椅子作为环形阵列对象

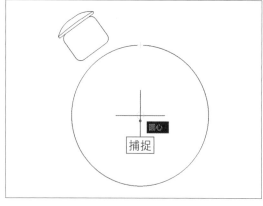

图 4-100 捕捉圆心作为阵列中心点

★ 专家指点 ★

通过以下3种方法，也可以调用"阵列"命令。

·命令1：在命令行中输入ARRAY（阵列）命令，并按【Enter】键确认。

·命令2：在命令行中输入AR（阵列）命令，并按【Enter】键确认。

·命令3：显示菜单栏，选择"修改"|"阵列"命令。

使用以上任意一种方法，均可调用"阵列"命令。

步骤 05 执行操作后，绘图区中即可显示图形的阵列效果，如图4-101所示。

步骤 06 在"阵列创建"选项卡中，设置"项目数"为8，如图4-102所示，表示阵列

8张椅子，按【Enter】键确认。

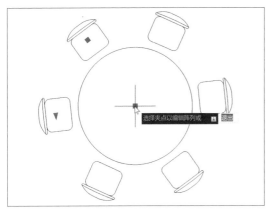

图 4-101　显示图形的阵列效果

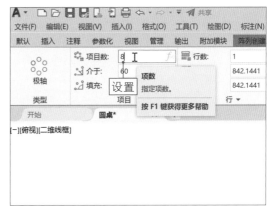

图 4-102　设置"项目数"为 8

步骤 07 执行操作后，即可环形阵列出8张椅子，效果如图4-103所示。

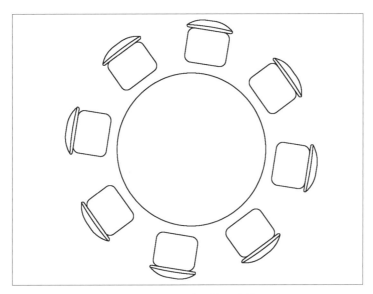

图 4-103　环形阵列出 8 张椅子

4.2.5　偏移图形

扫码看教程 ▶

在AutoCAD 2022中，偏移的快捷命令是O，它是一种移动+复制的效果。在偏移图形的过程中，可以一次偏移一个图形，也可以一次偏移多个图形，下面介绍具体操作方法。

步骤 01 按【Ctrl+O】组合键，打开一幅素材图形（资源\素材\第4章\浴霸.dwg），如图4-104所示。

步骤 02 单击功能区中的"默认"选项卡，在"修改"面板中单击"偏移"按钮，如图4-105所示。

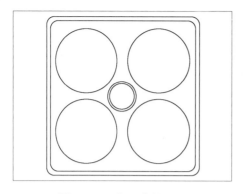

图 4-104　打开素材图形

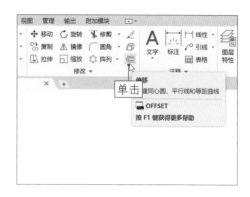

图 4-105　单击"偏移"按钮

★ 专家指点 ★

除了可以运用上述方法调用"偏移"命令，还可以使用以下两种方法。

· 命令 1：在命令行中输入 OFFSET（偏移）命令。

· 命令 2：显示菜单栏，选择"修改"|"偏移"命令。

使用以上任意一种方法，均可调用"偏移"命令。

步骤 03 根据命令行提示进行操作，在绘图区中输入20，如图4-106所示。

步骤 04 按【Enter】键确认，在绘图区中选择需要偏移的对象，如图4-107所示。

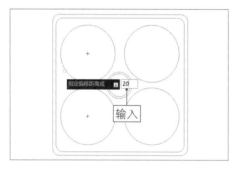

图 4-106　在命令行中输入 20

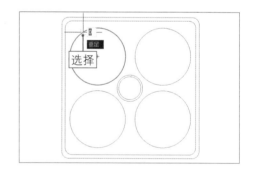

图 4-107　选择偏移对象

步骤 05 向内引导光标，然后单击鼠标左键，即可偏移图形对象，效果如图 4-108 所示。

步骤 06 用相同的方法，对其他图形进行偏移操作，效果如图4-109所示。

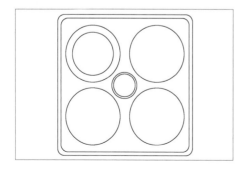

图 4-108　偏移图形

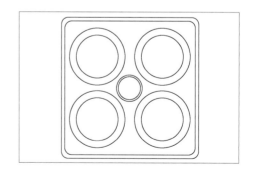

图 4-109　偏移其他图形

4.2.6 打断图形 ....

扫码看教程▶

在AutoCAD 2022中，打断图形对象是指删除图形对象上的某一部分或将图形对象分成两部分。下面介绍打断图形对象的操作步骤。

步骤01 按【Ctrl+O】组合键，打开一幅素材图形（资源\素材\第4章\钢琴.dwg），如图4-110所示。

步骤02 单击功能区中的"默认"选项卡，在"修改"面板中单击中间的下拉按钮，在展开的面板中单击"打断"按钮凵，如图4-111所示。

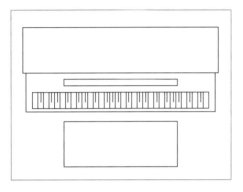

图 4-110 **打开一幅素材图形**

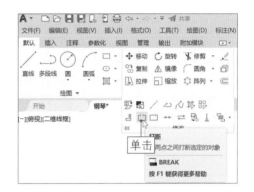

图 4-111 **单击"打断"按钮**

★ **专家指点** ★

通过以下3种方法，也可以调用"打断"命令。

· 命令1：在命令行中输入BREAK（打断）命令，并按【Enter】键确认。

· 命令2：在命令行中输入BR（打断）命令，并按【Enter】键确认。

· 命令3：显示菜单栏，选择"修改"|"打断"命令。

使用以上任意一种方法，均可调用"打断"命令。

步骤03 选择图形最上方需要打断的直线，如图4-112所示。

步骤04 在需要打断的位置单击，如图4-113所示。

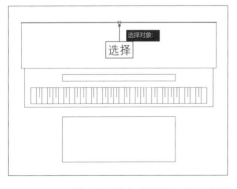

图 4-112 **选择图形最上方需要打断的直线**

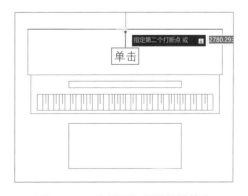

图 4-113 **在需要打断的位置单击**

步骤05 按空格键完成操作，即可打断直线。此时，被打断的直线已分成两截，可以单独被选中，如图4-114所示。

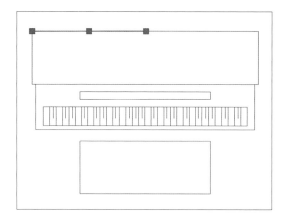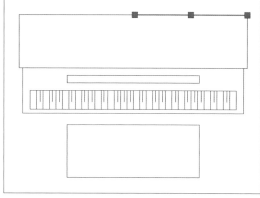

图 4-114　打断直线的效果

步骤06 按【Delete】键，即可将打断的直线进行删除，效果如图4-115所示。

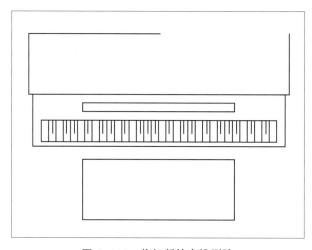

图 4-115　将打断的直线删除

第 5 章
应用图案填充与图块

在室内设计绘图中，经常需要利用图案填充来表现剖面和不同类型物体对象的外观纹理。在绘图过程中，如果图形中有大量相同或相似的内容，或者所绘制的图形与已有的图形文件相同，可以把需要重复绘制的图形创建为块，进行重复应用。本章主要介绍在图形中使用图案填充与图块的各种常用方法。

———————————— 本章重点 ————————————

· 创建图案填充的方法   · 设置图案填充的特性

· 创建图块的方法   · 编辑图块对象

5.1　创建图案填充的方法

在绘图过程中，经常需要将选定的某种图案填充到一个封闭的区域内，这就是图案填充。本节主要介绍创建图案填充的各种方法。

5.1.1　设置图案填充的类型

扫码看教程 ▶

为了满足各行各业的需要，AutoCAD 2022内置了许多填充图案。默认情况下，为图形填充的图案是ANGLE图案，用户还可以自定义其他填充图案。

步骤01 按【Ctrl+O】组合键，打开一幅素材图形（资源\素材\第5章\沙发.dwg），如图5-1所示。

步骤02 单击功能区中的"默认"选项卡，在"绘图"面板中单击"图案填充"按钮▨，如图5-2所示。

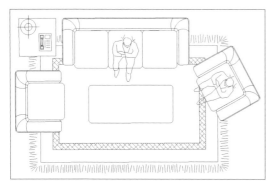

图 5-1　打开一幅素材图形

图 5-2　单击"图案填充"按钮

步骤03 弹出"图案填充创建"选项卡，如图5-3所示。

步骤04 单击"图案填充图案"列表框右侧的下拉按钮，在弹出的列表框中选择ANSI35选项，如图5-4所示，即可应用此图案类型。

图 5-3　"图案填充创建"选项卡

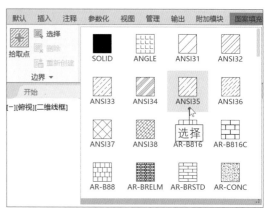

图 5-4　选择 ANSI35 选项

5.1.2 使用图案填充图形对象

扫码看教程▶

在AutoCAD 2022中，填充边界的内部区域即为填充区域。填充区域可以通过拾取封闭区域中的一点或拾取封闭对象两种方法来指定。下面介绍填充图案的操作步骤。

步骤 01 在上一个素材图形中，单击功能区中的"默认"选项卡，在"绘图"面板中单击"图案填充"按钮，弹出"图案填充创建"选项卡，单击"图案填充图案"列表框右侧的下拉按钮，在弹出的列表框中选择ANSI36选项，如图5-5所示。

步骤 02 选择填充图案后，单击"拾取点"按钮，如图5-6所示。

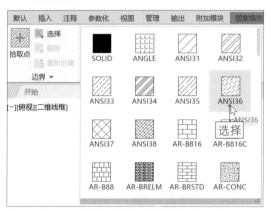

图 5-5　选择 ANSI36 选项

图 5-6　单击"拾取点"按钮

步骤 03 执行操作后，在绘图区拾取需要填充的区域，如图5-7所示。

步骤 04 完成对象拾取后，按【Enter】键确认，即可为图形填充图案。在"特性"面板中设置"填充图案比例"为20，图形效果如图5-8所示。

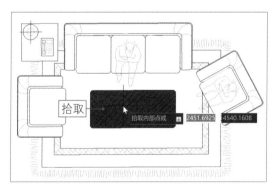

图 5-7　拾取填充区域

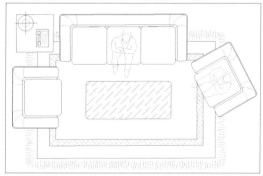

图 5-8　为图形填充图案

5.1.3 使用孤岛填充图形对象

扫码看教程▶

在AutoCAD 2022中进行图案填充时，通常将位于一个已定义好的填充区域内的封闭区域称为孤岛。下面介绍使用孤岛填充图形的操作步骤。

应用图案填充与图块

步骤 **01** 按【Ctrl+O】组合键，打开一幅素材图形（资源\素材\第5章\豪华双人床.dwg），如图5-9所示。

步骤 **02** 单击功能区中的"默认"选项卡，在"绘图"面板中单击"图案填充"按钮，弹出"图案填充创建"选项卡，单击"选项"面板的下拉按钮，展开面板，选择"外部孤岛检测"选项，如图5-10所示。

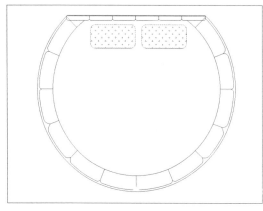

图 5-9 打开一幅素材图形

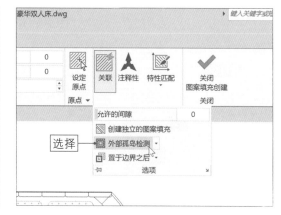

图 5-10 选择"外部孤岛检测"选项

★ 专家指点 ★

除了可以运用上述方法调用"图案填充"命令，还可以使用以下两种方法。

·命令1：在命令行中输入H（图案填充）命令，按【Enter】键确认。

·命令2：显示菜单栏，选择"绘图"|"图案填充"命令。

使用以上任意一种方法，均可调用"图案填充"命令。

步骤 **03** 单击"图案填充图案"列表框右侧的下拉按钮，选择CROSS选项，如图5-11所示。

步骤 **04** 设置"填充图案比例"为0.5，如图5-12所示。

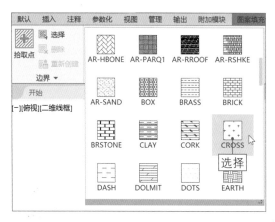

图 5-11 选择 CROSS 选项

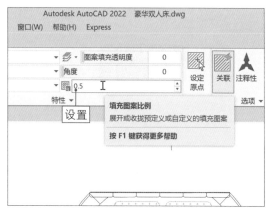

图 5-12 设置图案比例

步骤 **05** 单击"拾取点"按钮，在绘图区中的合适位置，选择需要填充图案的图形对象，如图5-13所示。

步骤 06 按【Enter】键确认，即可使用孤岛填充图案，效果如图5-14所示。

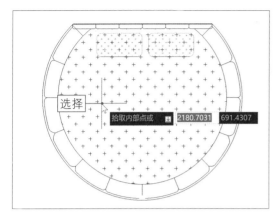

图 5-13　选择需要填充图案的图形对象

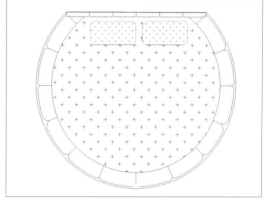

图 5-14　使用孤岛填充图案

5.1.4　使用渐变色填充图形对象 ....

扫码看教程 ▶

使用渐变色填充图形对象可以创建前景色或双色渐变色来对图形进行填充。渐变填充是指在一种颜色的不同灰度之间或两种颜色之间使用过渡。下面介绍使用渐变色填充图形的操作步骤。

步骤 01 按【Ctrl+O】组合键，打开一幅素材图形（资源\素材\第5章\装饰画.dwg），如图5-15所示。

步骤 02 在功能区的"默认"选项卡中，单击"绘图"面板中"图案填充"右侧的下拉按钮，在弹出的列表框中单击"渐变色"按钮，如图5-16所示。

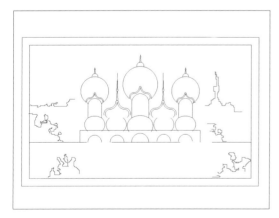

图 5-15　打开素材图形

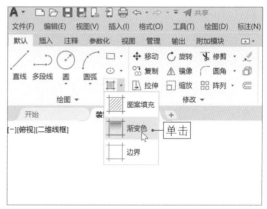

图 5-16　单击"渐变色"按钮

★ 专家指点 ★

使用渐变色填充图形时，在"特性"面板中还可以设置填充的角度和不透明度等参数。

步骤 03 弹出"图案填充创建"选项卡，在"特性"面板中，设置"渐变色1"为黄色、"渐变色2"为橙色，如图5-17所示。

步骤 04 根据命令行提示进行操作，在图形上多次单击，并按【Enter】键确认，即可完成渐变色填充，效果如图5-18所示。

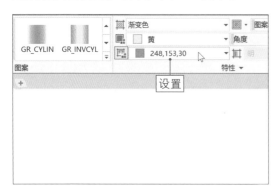

图 5-17　设置渐变色

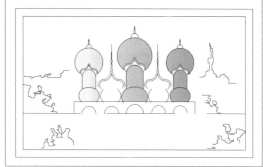

图 5-18　渐变色填充

5.2　设置图案填充的特性

在AutoCAD 2022中，为图形填充图案后，如果对填充效果不满意，还可以通过图案填充编辑命令对其进行编辑。编辑内容包括图案比例、图案样例、图案角度、修剪图案及分解图案等。本节主要介绍设置图案填充特性的方法。

5.2.1　设置图案的填充比例...

扫码看教程▶

在AutoCAD 2022中，用户可根据需要设置图案的填充比例。下面介绍设置图案填充比例的操作步骤。

步骤 01 按【Ctrl+O】组合键，打开一幅素材图形（资源\素材\第5章\地毯.dwg），如图5-19所示。

步骤 02 在绘图区中需要编辑的图形上单击，如图5-20所示。

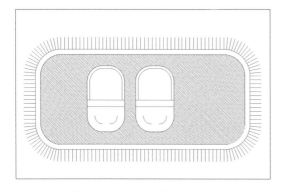

图 5-19　打开一幅素材图形

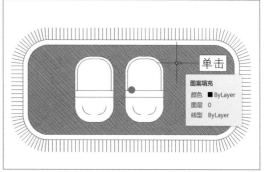

图 5-20　单击需要编辑的图形

步骤03 执行操作后，弹出"图案填充编辑器"选项卡，在"填充图案比例"组合框中输入120，如图5-21所示，按【Enter】键确认。

步骤04 按【Esc】键退出，即完成图案填充比例的设置，效果如图5-22所示。

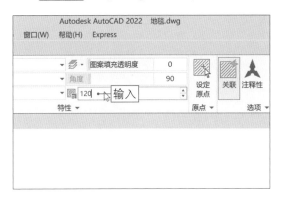

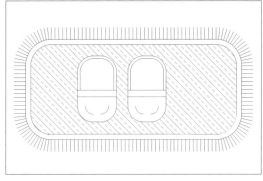

图 5-21 **设置填充比例**　　　　　　　图 5-22 **设置填充比例后的效果**

★ **专家指点** ★

　　除了上述方法可以设置图案的填充比例，还可以在功能区的"默认"选项卡中，单击"修改"面板中的下拉按钮，在展开的面板中单击"编辑图案填充"按钮。之后根据命令行提示进行操作，在绘图区中需要编辑的图案上单击，弹出"图案填充编辑"对话框，在"角度和比例"选项区的"比例"数值框中输入相应数值。设置完成后，单击"确定"按钮，即可设置图案的填充比例。

5.2.2 设置图案的样例类型 ··

扫码看教程▶

　　在AutoCAD 2022中，用户可以根据需要设置图形中图案的样例类型。

步骤01 按【Ctrl+O】组合键，打开一幅素材图形（资源\素材\第5章\圆桌.dwg），如图5-23所示。

步骤02 在绘图区中需要编辑的图形上单击，如图5-24所示。

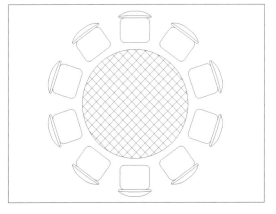

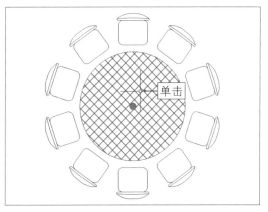

图 5-23 **打开一幅素材图形**　　　　　图 5-24 **单击需要编辑的图形**

步骤03 弹出"图案填充编辑器"选项卡，单击"图案填充图案"列表框右侧的下拉按钮，选择ANSI35选项，如图5-25所示。

步骤04 返回绘图区，按【Esc】键退出，即可完成图案样例的设置，效果如图5-26所示。

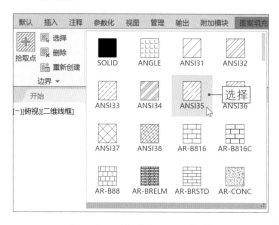

图 5-25　选择 ANSI35 选项

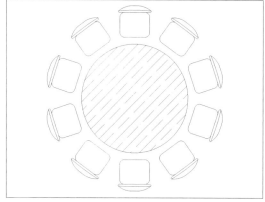

图 5-26　设置图案样例

5.2.3　设置图案的填充角度

扫码看教程 ▶

在AutoCAD 2022中，用户可以根据需要设置图案填充的角度。下面介绍设置图案角度的操作步骤。

步骤01 按【Ctrl+O】组合键，打开一幅素材图形（资源\素材\第5章\多人会议桌.dwg），如图5-27所示。

步骤02 在绘图区中需要编辑的图形上单击，如图5-28所示。

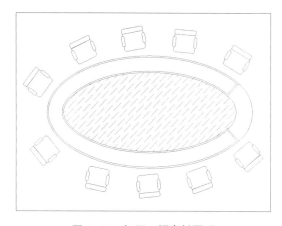

图 5-27　打开一幅素材图形

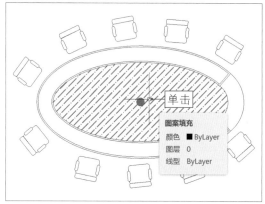

图 5-28　单击需要编辑的图形

步骤03 执行操作后，弹出"图案填充编辑器"选项卡，在"角度"数值框中输入90，如图5-29所示。

步骤04 按【Enter】键确认，即可完成图案填充角度的设置，效果如图5-30所示。

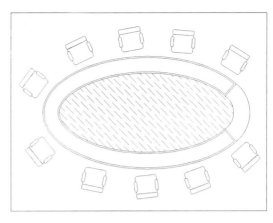

图 5-29　在"角度"数值框中输入 90

图 5-30　设置图案的填充角度

★ 专家指点 ★

除了上述方法可以设置图案的填充角度，还可以在命令行中输入 HATCHEDIT（修改现有的填充图案对象）命令，然后在绘图区中需要编辑的图案上单击，弹出"图案填充编辑"对话框，在"角度和比例"选项区的"角度"数值框中输入相应的数值，设置完成后，单击"确定"按钮。

5.2.4 修剪填充的图案样式 ....

扫码看教程▶

在AutoCAD 2022中，通过"修剪"命令可以像修剪其他对象一样对填充图案进行修剪。下面介绍修剪图案的操作步骤。

步骤 01 按【Ctrl+O】组合键，打开一幅素材图形（资源\素材\第5章\儿童床.dwg），如图5-31所示。

步骤 02 单击功能区中的"默认"选项卡，在"修改"面板中单击"修剪"按钮，如图5-32所示。

图 5-31　打开一幅素材图形

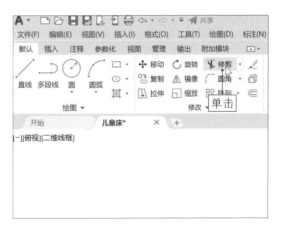

图 5-32　单击"修剪"按钮

★ 专家指点 ★

在命令行中输入TRIM（修剪）命令，并按【Enter】键确认，也可以对图案进行修剪操作。本书在第4章的4.1.4节中详细介绍了"修剪"命令的使用技巧，大家可以回顾学习。

步骤 03 根据命令行提示进行操作，在绘图区中选择需要进行修剪的图形对象，如图5-33所示。

步骤 04 按【Enter】键确认，即可修剪填充的图案，效果如图5-34所示。

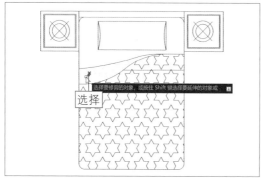

图 5-33　选择需要进行修剪的图形对象　　　图 5-34　修剪填充图案后的效果

5.2.5　分解填充的图案对象

扫码看教程▶

在AutoCAD 2022中，图案是一种特殊的块，被称为"匿名"块，无论形状多么复杂，它都是一个单独的对象。执行"分解"命令，可以分解一个已存在的关联图案。图案被分解后，它不再是一个单一的对象，而是一组组成图案的线条。

步骤 01 按【Ctrl+O】组合键，打开一幅素材图形（资源\素材\第5章\单人沙发.dwg），如图5-35所示。

步骤 02 单击功能区中的"默认"选项卡，在"修改"面板中单击"分解"按钮，根据命令行提示进行操作。选择绘图区的填充图案作为分解对象，按【Enter】键确认，即可分解图案，效果如图5-36所示。

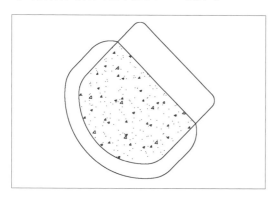
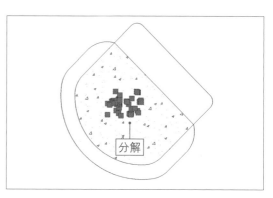

图 5-35　打开一幅素材图形　　　　　图 5-36　分解图案后的效果

5.3 创建图块的方法

图块是一个或多个对象组成的对象集合。如果将一组对象组合成图块，那么可以根据绘图需要将这组对象插入到绘图文件中的指定位置，并且可以将图块作为单个对象来进行管理。本节主要介绍创建图块的操作方法。

5.3.1 创建内部图块的方法..

扫码看教程▶

内部图块是跟随定义它的图形文件一起保存的，存储在图形文件内部，因此只能在当前图形中调用，而不能在其他图形中调用。下面介绍创建内部图块的操作步骤。

步骤 01 按【Ctrl+O】组合键，打开一幅素材图形（资源\素材\第5章\双人床.dwg），如图5-37所示。

步骤 02 单击功能区中的"插入"选项卡，在"块定义"面板中单击"创建块"按钮，如图5-38所示。

图 5-37　**打开一幅素材图形**　　　　　图 5-38　**单击"创建块"按钮**

步骤 03 弹出"块定义"对话框，在其中设置"名称"为"双人床"，如图5-39所示。

步骤 04 在"对象"选项区中单击"选择对象"按钮，在绘图区中选择需要创建为图块的图形对象，如图5-40所示。

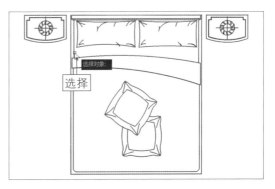

图 5-39　**设置"名称"为"双人床"**　　　图 5-40　**选择需要创建为图块的图形对象**

应用图案填充与图块

★ 专家指点 ★

除了可以运用上述方法调用"创建块"命令，还可以使用以下两种方法。

·命令1：在命令行中输入BLOCK（创建）命令，按【Enter】键确认。

·命令2：显示菜单栏，选择"绘图"|"块"|"创建"命令。

使用以上任意一种方法，均可调用"创建块"命令。

步骤05 按【Enter】键确认，弹出"块定义"对话框，其中显示了刚选取的图形对象，单击"确定"按钮，如图5-41所示。

步骤06 执行操作后，即可创建内部图块，如图5-42所示。

图 5-41　单击"确定"按钮

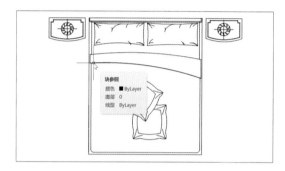

图 5-42　创建内部图块效果

5.3.2　创建外部图块的方法

扫码看教程▶

在AutoCAD 2022，外部图块也称为外部图块文件，它以文件的形式保存在本地磁盘中，用户可以根据需要随时将外部图块调用到其他图形文件中。下面介绍创建外部图块的操作步骤。

步骤01 按【Ctrl+O】组合键，打开一幅素材图形（资源\素材\第5章\台灯.dwg），如图5-43所示。

步骤02 在命令行中输入WBLOCK（写块）命令，按【Enter】键确认，弹出"写块"对话框，在"对象"选项区中单击"选择对象"按钮，如图5-44所示。

图 5-43　打开一幅素材图形

图 5-44　单击"选择对象"按钮

步骤 03 在绘图区中，选择需要编辑的图形对象，如图5-45所示。

步骤 04 按【Enter】键确认，弹出"写块"对话框，在"目标"选项区中设置文件名和路径，如图5-46所示，单击"确定"按钮，即可完成外部图块的创建。

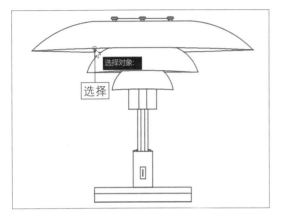

图 5-45　选择需要编辑的图形对象

图 5-46　完成外部图块的创建

5.4　编辑图块对象

在AutoCAD 2022中，用户可根据需要对图块进行编辑，如插入单个图块、插入阵列图块、修改图块插入基点及分解图块等。本节主要介绍编辑图块对象的方法。

5.4.1 | 插入单个图块 ....

扫码看教程 ▶

在AutoCAD 2022中，插入图块是指将已定义的图块插入到当前文件中。下面介绍插入单个图块的操作步骤。

步骤 01 单击功能区中的"插入"选项卡，在"块"面板中单击"插入"按钮，在弹出的列表中选择"最近使用的块"选项，如图5-47所示。

步骤 02 弹出"最近使用"面板，在面板中选择"马桶"块，如图5-48所示。

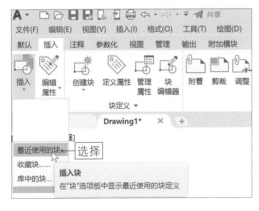

图 5-47　选择"最近使用的块"选项

图 5-48　选择块对象

应用图案填充与图块

99

步骤 03 将鼠标指针移至绘图区中的合适位置，指定插入点，如图5-49所示。

步骤 04 在绘图区中的适当位置单击，即可插入单个图块，如图5-50所示。

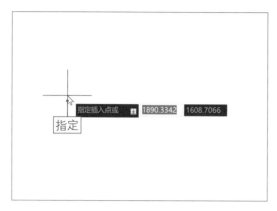

图 5-49　指定插入点

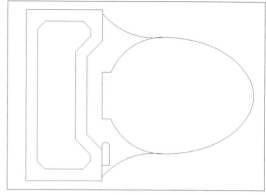

图 5-50　插入单个图块

★ 专家指点 ★

在 AutoCAD 2022 中，用户还可以通过以下 3 种方法，调用"插入块"命令。

·命令 1：在命令行中输入 INSERT（插入）命令，按【Enter】键确认。

·命令 2：在命令行中输入 I（插入）命令，按【Enter】键确认。

·命令 3：显示菜单栏，选择"插入"|"块"命令。

使用以上任意一种方法，均可调用"插入块"命令。

5.4.2　插入阵列图块

扫码看教程▶

在AutoCAD 2022中，用户可根据需要插入阵列图块，下面介绍具体的操作步骤。

步骤 01 按【Ctrl+O】组合键，打开一幅素材图形（资源\素材\第5章\煤气罐.dwg），如图5-51所示。

步骤 02 在命令行中输入MINSERT（阵列插入块）命令，如图5-52所示，并按【Enter】键确认。

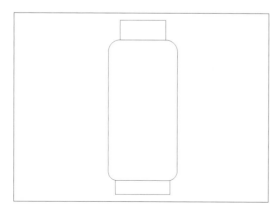

图 5-51　打开一幅素材图形

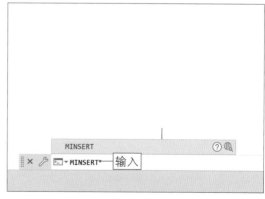

图 5-52　输入 MINSERT 命令

步骤 03 根据命令行提示进行操作，输入文字"矩形"，如图5-53所示，并按
【Enter】键确认。

步骤 04 输入坐标（0,0），指定插入点，如图5-54所示，并按【Enter】键确认。

图 5-53　输入文字"矩形"

图 5-54　输入坐标（0,0）

步骤 05 再次输入坐标（0,0），指定插入点，如图5-55所示，按【Enter】键确认。

步骤 06 输入1，指定 X 比例因子，指定对角点，如图5-56所示，按【Enter】键确认。

图 5-55　输入坐标（0,0）

图 5-56　输入1指定 X 比例因子

步骤 07 继续输入1，指定 Y 比例因子，如图5-57所示，并按【Enter】键确认。

步骤 08 输入0，指定旋转角度，如图5-58所示，并按【Enter】键确认。

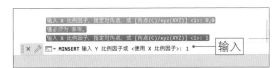

图 5-57　指定 Y 比例因子

图 5-58　指定旋转角度

步骤 09 输入2，指定图块阵列行数，如图5-59所示，并按【Enter】键确认。

步骤 10 输入1，指定图块阵列列数，如图5-60所示，并按【Enter】键确认。

图 5-59　指定图块阵列行数

图 5-60　指定图块阵列列数

步骤 11 输入3，指定阵列行间距，如图5-61所示，并按【Enter】键确认。

图 5-61　指定阵列行间距

步骤12 执行操作后，即可阵列图块，如图5-62所示。

步骤13 在命令行中输入MOVE（移动）命令，并按【Enter】键确认。根据命令行提示进行操作，选择阵列图块作为移动对象并确认，将其移动至合适的位置后单击，即可移动图形，效果如图5-63所示。

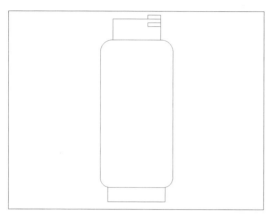

图 5-62　阵列图块效果

图 5-63　移动图块效果

5.4.3　修改图块插入基点

扫码看教程▶

　　图块上的任意一点都可以作为该图块的基点，但为了绘图方便，需要根据图形的结构选择基点，一般选择图块的对称中心、左下角或其他有特征的位置，该基点是图形插入过程中进行旋转或调整比例的基准点。

步骤01 按【Ctrl+O】组合键，打开一幅素材图形（资源\素材\第5章\帘子.dwg）。在功能区中的"插入"选项卡中，单击"块定义"面板中间的下拉按钮，在展开的面板中单击"设置基点"按钮，如图5-64所示。

步骤02 根据命令行提示进行操作，在命令行中输入新的基点坐标（100,100,0），如图5-65所示，按【Enter】键确认，即可修改图块插入基点。

图 5-64　单击"设置基点"按钮

图 5-65　修改图块插入基点

5.4.4 分解图块

扫码看教程▶

在AutoCAD 2022中，插入的图块是一个整体，如果需要对图块进行编辑，必须先将其进行分解。下面介绍分解图块的操作步骤。

步骤01 按【Ctrl+O】组合键，打开一幅素材图形（资源\素材\第5章\墙灯.dwg），如图5-66所示。

步骤02 单击功能区中的"默认"选项卡，在"修改"面板中单击"分解"按钮，如图5-67所示。

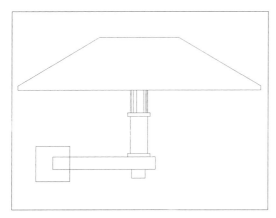

图 5-66　打开一幅素材图形

图 5-67　单击"分解"按钮

步骤03 根据命令行提示，在绘图区中选择需要分解的图块对象，如图5-68所示。

步骤04 按【Enter】键确认，即可分解图块，效果如图5-69所示。

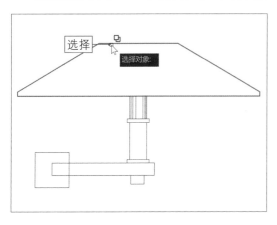

图 5-68　选择需要分解的图块对象

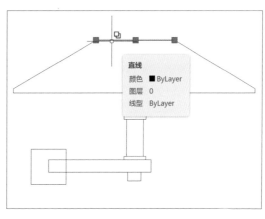

图 5-69　分解图块对象

应用图案填充与图块

103

第 6 章

创建尺寸标注与文字

尺寸用于描述对象各组成部分的大小及相对位置关系，是实际生产的重要依据。而尺寸标注在建筑绘图中也是不可缺少的一个重要环节，它能给工人很直观地展示具体的建筑尺寸。而图纸说明文字常用于标注一些非图形信息，其中包括明细栏和技术要求等。本章主要讲解创建尺寸标注与文字样式的方法，希望读者熟练掌握本章内容。

―――――――――本章重点―――――――――

· 创建常用的标注样式　　　· 设置标注样式的属性　　　· 创建文字样式与文字

6.1 创建常用的标注样式

在室内设计中，常用的尺寸标注包括线性标注、对齐标注、弧长标注、连续标注、基线标注及半径标注等，本节主要针对这些标注样式向读者进行讲解。

6.1.1 使用线性尺寸标注 ·····················

扫码看教程▶

在 AutoCAD 2022 中，线性尺寸标注主要用来标注当前坐标系 *XY* 平面中两点之间的距离。用户可以直接指定标注定义点，也可以通过指定标注对象的方法来定义标注点。

步骤01 按【Ctrl+O】组合键，打开一幅素材图形（资源\素材\第6章\窗户.dwg），如图6-1所示。

步骤02 在功能区的"注释"选项卡中，单击"标注"面板中的"线性"按钮，如图6-2所示。

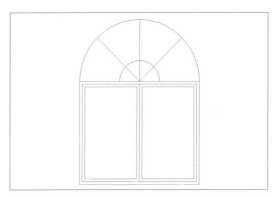

图 6-1　**打开一幅素材图形**

图 6-2　**单击"线性"按钮**

步骤03 根据命令行提示进行操作，在绘图区最下方的直线左侧单击并向右拖动鼠标，至合适的端点上再次单击，确定两点之间的标注线段，如图6-3所示。

步骤04 向下拖动鼠标，至合适的位置后单击，即可创建线性尺寸标注，效果如图6-4所示。

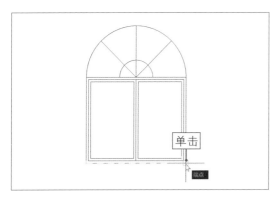

图 6-3　**确定两点之间的标注线段**

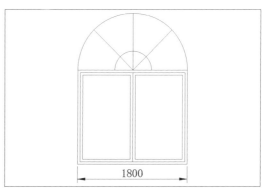

图 6-4　**创建线性尺寸标注效果**

★ 专家指点 ★

在 AutoCAD 2022 中，用户还可以通过以下 4 种方法，调用"线性"命令。

·命令 1：在命令行中输入 DIMLINEAR（线性）命令，按【Enter】键确认。

·命令 2：在命令行中输入 DLI（线性）命令，按【Enter】键确认。

·命令 3：显示菜单栏，选择"标注"|"线性"命令。

·按钮：单击功能区中的"常用"选项卡，在"注释"面板中单击"线性"按钮┤。

使用以上任意一种方法，均可调用"线性"命令。

6.1.2 创建对齐线性标注 ....

扫码看教程▶

当需要标注斜线、斜面的尺寸时，可以创建对齐线性标注，此时标注出来的尺寸线与斜线、斜面相互平行。下面介绍创建对齐线性标注的操作步骤。

步骤01 按【Ctrl+O】组合键，打开一幅素材图形（资源\素材\第6章\计算机显示器.dwg），如图6-5所示。

步骤02 在功能区的"注释"选项卡中，单击"标注"面板中的"线性"按钮，在弹出的列表中单击"已对齐"按钮，如图6-6所示。

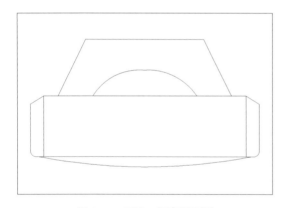

图 6-5　打开一幅素材图形

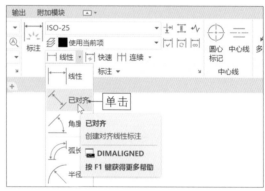

图 6-6　单击"已对齐"按钮

★ 专家指点 ★

在 AutoCAD 2022 中，用户还可以通过以下两种方法，调用"对齐"命令。

·命令 1：在命令行中输入 DIMALIGNED（对齐）命令，按【Enter】键确认。

·命令 2：显示菜单栏，选择"标注"|"对齐"命令。

使用以上任意一种方法，均可调用"对齐"命令。

步骤03 根据命令行提示进行操作，在绘图区中合适的端点上单击，向左下方拖动鼠标，至合适的端点上再次单击，确定两点之间的标注线段，如图6-7所示。

步骤04 向左上方拖动鼠标，至合适的位置后单击，即可创建对齐线性标注，效果如图6-8所示。

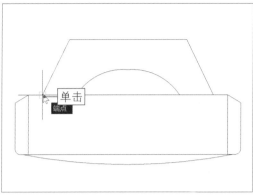

图 6-7　确定两点之间的标注线段

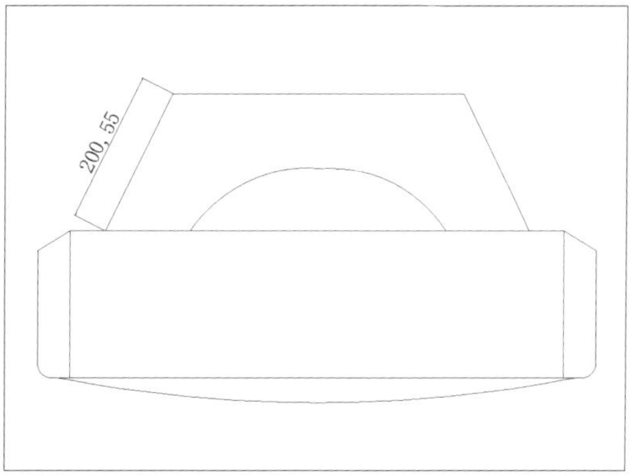

图 6-8　创建对齐线性标注的效果

6.1.3　创建弧长尺寸标注

扫码看教程▶

在AutoCAD 2022中，弧长尺寸标注主要用于测量和显示圆弧的长度。弧长尺寸标注属于角度标注，为与线性尺寸标注区别开来，在默认情况下，弧长尺寸标注将显示一个圆弧弧号。

步骤01 按【Ctrl+O】组合键，打开一幅素材图形（资源\素材\第6章\扇形门.dwg），如图6-9所示。

步骤02 在功能区的"注释"选项卡中，单击"标注"面板中的"线性"按钮，在弹出的列表中单击"弧长"按钮，如图6-10所示。

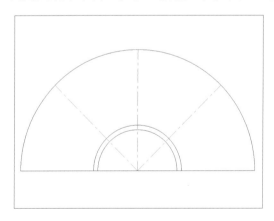

图 6-9　打开一幅素材图形

图 6-10　单击"弧长"按钮

★ 专家指点 ★

在 AutoCAD 2022 中，用户还可以通过以下 3 种方法，调用"弧长"命令。

· 命令 1：在命令行中输入 DIMARC（弧长）命令，按【Enter】键确认。

· 命令 2：显示菜单栏，选择"标注"|"弧长"命令。

· 按钮：在功能区的"默认"选项卡中，单击"注释"面板中的"线性"按钮，在弹出的列表中单击"弧长"按钮。

使用以上任意一种方法，均可调用"弧长"命令。

步骤 03 根据命令行提示进行操作，选择需要标注尺寸的圆弧，如图6-11所示。

步骤 04 向上拖动鼠标，至合适的位置后单击，即可创建弧长尺寸标注，效果如图6-12所示。

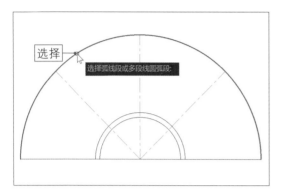

图 6-11　选择需要标注尺寸的圆弧

图 6-12　创建弧长尺寸标注

6.1.4　创建连续尺寸标注 ....

扫码看教程▶

在AutoCAD 2022中，连续标注是指首尾相连的多个标注。注意：在创建连续标注之前，必须已有线性、对齐或角度标注。下面介绍创建连续尺寸标注的操作步骤。

步骤 01 按【Ctrl+O】组合键，打开一幅素材图形（资源\素材\第6章\床组合立面.dwg），如图6-13所示。

步骤 02 在功能区的"注释"选项卡中，单击"标注"面板中的"连续"按钮，如图6-14所示。

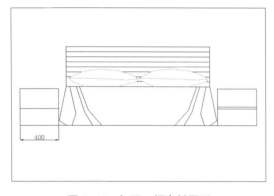

图 6-13　打开一幅素材图形

图 6-14　单击"连续"按钮

★ 专家指点 ★

在 AutoCAD 2022 中，使用"连续"标注与"基线"标注命令都可以一次标注多个尺寸，不同点在于：基线标注是基于同一标注原点，而连续标注的每个标注都是从前一个或最后一个选定标注的第二个尺寸界线处创建的，共享公共的尺寸线。创建连续标注时，必须先创建一个线性或角度标注作为基准标注。

步骤 03 根据命令行提示进行操作，选择已有的尺寸标注，如图6-15所示。

步骤 04 在右侧相应的端点上依次单击，连续按两次空格键确认，完成连续尺寸标注，效果如图6-16所示。

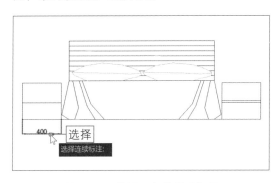

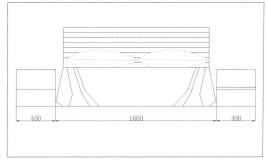

图 6-15　选择已有的尺寸标注　　　　　图 6-16　完成连续尺寸标注的操作

★ 专家指点 ★

在 AutoCAD 2022 中，用户还可以通过以下两种方法，调用"连续"命令。

·命令1：在命令行中输入 DIMCONTINUE（连续）命令，按【Enter】键确认。

·命令2：显示菜单栏，选择"标注"|"连续"命令。

使用以上任意一种方法，均可调用"连续"命令。

6.1.5　创建基线尺寸标注

扫码看教程▶

在AutoCAD 2022中，使用"基线"标注命令可以创建自相同基线测量的一系列相关尺寸。AutoCAD使用基线增量值偏移每一条新的尺寸线并避免覆盖上一条尺寸线。

步骤 01 按【Ctrl+O】组合键，打开一幅素材图形（资源\素材\第6章\电梯立面图.dwg），如图6-17所示。

步骤 02 输入DBA（基线标注）命令，按空格键确认，在命令行提示下，将鼠标指针移至最下方的尺寸标注对象上，如图6-18所示。

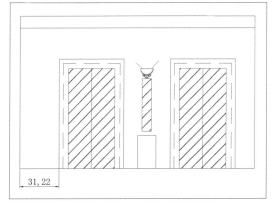

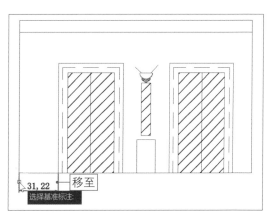

图 6-17　打开一幅素材图形　　　　　图 6-18　将鼠标指针移至尺寸标注对象上

步骤03 在最下方的尺寸标注上单击，向右引导光标，捕捉下方合适的端点，标注基线尺寸，如图6-19所示。

步骤04 再次在下方合适的端点上依次单击，并按空格键确认，即可创建基线标注，效果如图6-20所示。

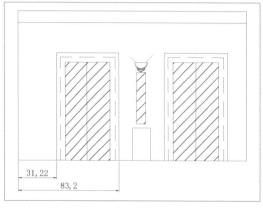

图 6-19　捕捉合适的端点标注基线尺寸

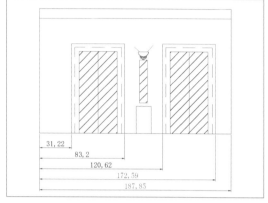

图 6-20　创建基线标注的效果

★ 专家指点 ★

在 AutoCAD 2022 中，用户还可以通过以下 3 种方法，调用"基线"命令。

· 命令 1：在命令行中输入 DIMBASELINE（基线）命令，按【Enter】键确认。

· 命令 2：显示菜单栏，选择"标注"|"基线"命令。

· 按钮：在功能区的"注释"选项卡中，单击"标注"面板中的"基线"按钮。

使用以上任意一种方法，均可调用"基线"命令。

6.1.6　创建半径尺寸标注

扫码看教程▶

在AutoCAD 2022中，"半径"尺寸标注命令用于创建圆和圆弧半径标注，它由一条具有指向圆或圆弧的箭头和半径尺寸线组成。下面介绍创建半径尺寸标注的操作方法。

步骤01 按【Ctrl+O】组合键，打开一幅素材图形（资源\素材\第6章\饮水机.dwg），如图6-21所示。

步骤02 在功能区的"默认"选项卡中，单击"注释"面板中的"线性"下拉按钮，在弹出的列表中单击"半径"按钮，如图6-22所示。

★ 专家指点 ★

在 AutoCAD 2022 中，用户还可以通过以下 3 种方法执行"半径"命令。

· 命令 1：依次按键盘上的【Alt】、【N】、【R】键，激活"半径"命令。

· 命令 2：输入 DIMRADIUS（半径标注）命令，按空格键确认。

· 命令 3：显示菜单栏，选择"标注"|"半径"命令。

· 按钮：在"注释"选项卡的"标注"面板中，单击"半径"按钮。

使用以上任意一种方法，均可调用"半径"命令。

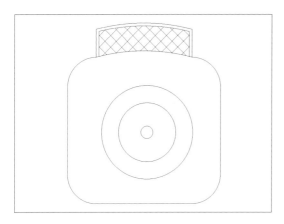

图 6-21　**打开一幅素材图形**

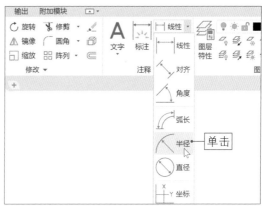

图 6-22　**单击"半径"按钮**

步骤 03 根据命令行提示进行操作，选择最大的圆对象，如图6-23所示。

步骤 04 向右上方引导光标，至合适的位置后单击，即可创建半径尺寸标注，效果如图6-24所示。

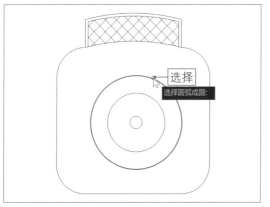

图 6-23　**选择最大的圆对象**

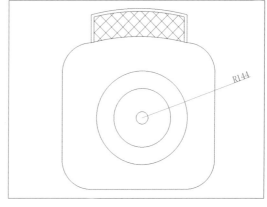

图 6-24　**创建半径尺寸标注**

6.1.7　创建直径尺寸标注 ....

扫码看教程 ▶

在AutoCAD 2022中，直径标注的尺寸线将通过圆心。下面介绍创建直径尺寸标注的方法。

步骤 01 按【Ctrl+O】组合键，打开一幅素材图形（资源\素材\第6章\扇叶.dwg），如图6-25所示。

步骤 02 在功能区的"默认"选项卡中，单击"注释"面板中的"线性"下拉按钮，在弹出的列表中单击"直径"按钮，如图6-26所示。

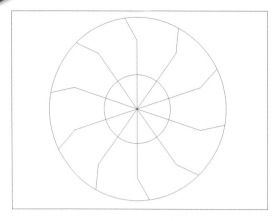

图 6-25　打开一幅素材图形

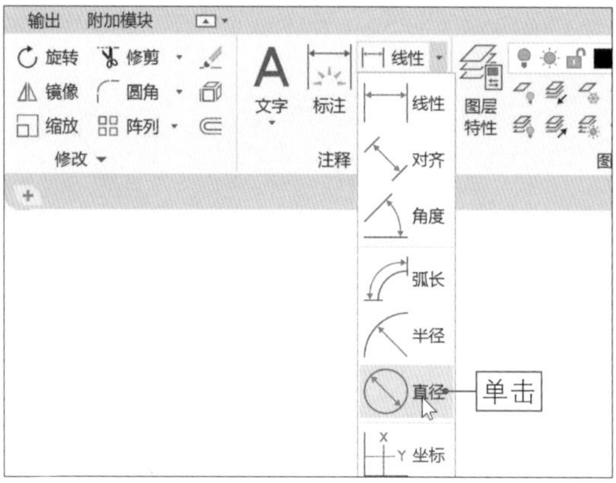

图 6-26　单击"直径"按钮

步骤 03 根据命令行提示进行操作，将鼠标指针移至绘图区中的大圆上，单击鼠标左键，选择大圆对象，如图6-27所示。

步骤 04 向右上方引导光标，至合适的位置后单击，即可创建大圆的直径尺寸标注，如图6-28所示。

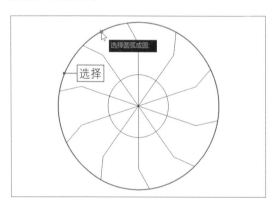

图 6-27　选择大圆对象

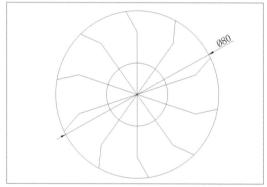

图 6-28　创建直径尺寸标注的效果

★ **专家指点** ★

在 AutoCAD 2022 中，用户还可以通过以下 4 种方法执行"直径"命令。

·命令 1：依次按键盘上的【Alt】、【N】、【D】键，激活"直径"命令。

·命令 2：输入 DIMDIAMETER（直径标注）命令，按空格键确认。

·命令 3：显示菜单栏，选择"标注"|"直径"命令。

·按钮：在"注释"选项卡的"标注"面板中，单击"直径"按钮◯。

使用以上任意一种方法，均可调用"直径"命令。

6.1.8　创建坐标尺寸标注

扫码看教程▶

在AutoCAD 2022中，使用"坐标"尺寸标注命令可以标注测量原点到标注特性点的垂直距离。这种标注保持特征点与基准点的精确偏移量，从而可以避免误差的产生。下面介绍创建坐标尺寸标注的操作步骤。

步骤01 按【Ctrl+O】组合键，打开一幅素材图形（资源\素材\第6章\圆形沙发.dwg），如图6-29所示。

步骤02 在功能区的"默认"选项卡中，单击"注释"面板中的"线性"下拉按钮，在弹出的列表中单击"坐标"按钮，如图6-30所示。

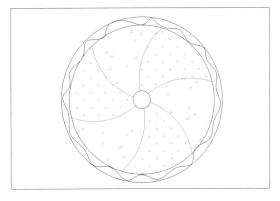

图 6-29　**打开一幅素材图形**

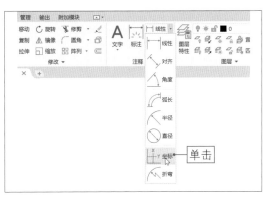

图 6-30　**单击"坐标"按钮**

步骤03 根据命令行提示进行操作，在绘图区中的圆心上单击，如图6-31所示。

步骤04 向右拖动鼠标，至合适的位置后单击，即可创建坐标尺寸标注，效果如图6-32所示。

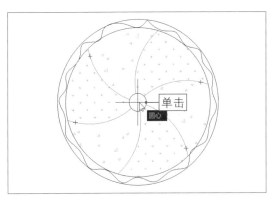

图 6-31　**在圆心上单击**

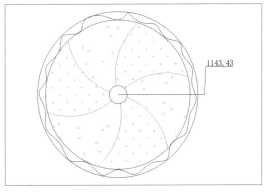

图 6-32　**创建坐标尺寸标注**

★ **专家指点** ★

在 AutoCAD 2022 中，用户还可以通过以下 4 种方法执行"坐标"命令。

· 命令 1：依次按键盘上的【Alt】、【N】、【O】键，激活"坐标"命令。

· 命令 2：输入 DIMORDINATE（坐标）命令，按空格键确认。

· 命令 3：显示菜单栏，选择"标注"|"坐标"命令。

· 按钮：在"注释"选项卡的"标注"面板中，单击"坐标"按钮。

使用以上任意一种方法，均可调用"坐标"命令。

创建尺寸标注与文字

6.1.9 快速创建尺寸标注

在AutoCAD 2022中，使用"快速"标注命令可以快速创建成组的基线标注、连续标注、阶梯标注和坐标标注。快速尺寸标注允许同时标注多个对象的尺寸，也可以对现有的尺寸标注进行快速编辑，还可以创建新的尺寸标注。下面使用快速标注图形的操作步骤。

步骤01 按【Ctrl+O】组合键，打开一幅素材图形（资源\素材\第6章\室内结构图.dwg），如图6-33所示。

步骤02 在功能区的"注释"选项卡中，单击"标注"面板中的"快速"按钮，如图6-34所示。

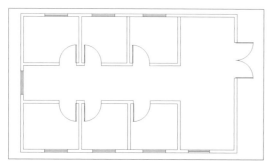

图 6-33　打开一幅素材图形

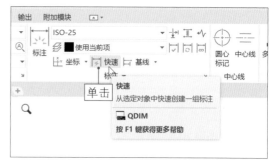

图 6-34　单击"快速"按钮

步骤03 在命令行提示下，依次选择右侧要进行标注的直线对象，如图6-35所示。

步骤04 按空格键确认，并向右引导光标，在合适的位置单击，完成快速标注尺寸的操作，如图6-36所示。

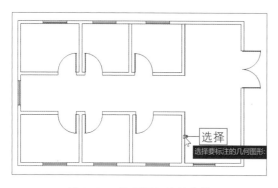

图 6-35　选择要标注的直线

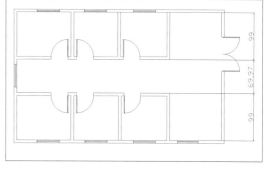

图 6-36　完成快速尺寸标注

★ 专家指点 ★

在 AutoCAD 2022 中，用户还可以通过以下 3 种方法执行"快速"标注命令。

·命令 1：依次按键盘上的【Alt】、【N】、【Enter】键，激活"快速"标注命令。

·命令 2：输入 QDIM（快速标注）命令，按空格键确认。

·命令 3：显示菜单栏，选择"标注"|"快速"命令。

使用以上任意一种方法，均可调用"快速"标注命令。

6.2 设置标注样式的属性

标注样式是决定尺寸标注形式的尺寸变量设置集合，使用标注样式可以控制标注的格式和外观，建立严格的绘图标准，并且有利于对标注格式及用途进行修改。本节主要介绍创建与设置标注样式的方法。

6.2.1 新建标注样式

在AutoCAD 2022中，很多标注样式都是在ISO-25（国际标准组织标注标准）的基础上设置的。其实，ISO-25并不是偏室内设计的样式，而偏机械方面，不过一般都是在这个样式的基础上进行修改和调整，以适合室内设计的标注需要。

在绘图区中输入D（标注样式）命令，按空格键确认，弹出"标注样式管理器"对话框，在左侧的"样式"列表框中选择ISO-25样式，如图6-37所示。然后单击右侧的"新建"按钮，如图6-38所示。

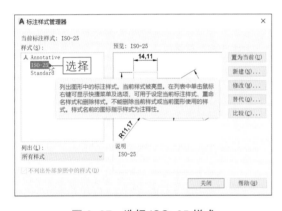

图 6-37　选择 ISO-25 样式　　　　图 6-38　单击"新建"按钮

弹出"创建新标注样式"对话框，在"新样式名"下方的文本框中，可以设置标注样式的名称。这个名称大家可以根据自己的习惯和记忆去设置，比如，要新建一个1：100的标注样式，那么名称可以设置为"1比100"，如图6-39所示。"基础样式"选择ISO-25为样式，不要选中"注释性"复选框，因为选中它之后布局空间是以1：1的比例来设置的。

图 6-39　将名称设置为"1 比 100"

在"创建新标注样式"对话框中设置完成后，单击"继续"按钮，弹出"新建标注样式：1 比 100"对话框，如图6-40所示。其中包括很多选项设置，不一定要掌握每一个选项功能，只需掌握一些常用的选项设置即可，后面会进行详细介绍。在对话框中根据需要设置好相应的标注样式后，单击"确定"按钮，即可完成新建标注样式的操作。

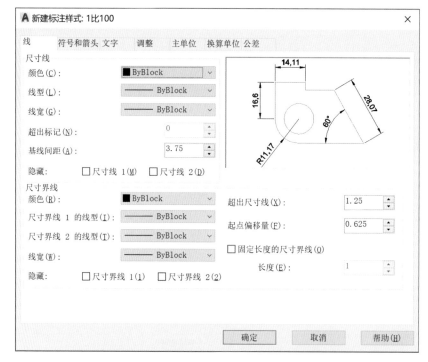

图 6-40　"新建标注样式：1 比 100"对话框

在"新建标注样式：1比100"对话框中，各选项卡的功能如下。

· "线"选项卡：该选项卡中的参数主要用于设置尺寸线、尺寸界线的颜色、线型、线宽、超出标记和基线间距等。

· "符号和箭头"选项卡：该选项卡中的参数主要用于设置箭头、圆心标记、弧长符号及折弯半径标注的格式和位置。

· "文字"选项卡：该选项卡中的参数主要用于设置标注文字的格式、位置和对齐方式。

· "调整"选项卡：该选项卡中的参数主要用于控制标注文字、箭头、引线和尺寸线的放置。

· "主单位"选项卡：该选项卡中的参数主要用于设置主标注单位的格式和精度，并设置标注文字的前缀和后缀。

· "换算单位"选项卡：该选项卡中的参数主要用于指定标注测量值中换算单位的显示，并设置其格式和精度。

· "公差"选项卡：该选项卡中的参数主要用于指定标注文字中公差的显示及格式。

6.2.2　设置标注样式的尺寸线

在"线"选项卡的"尺寸线"选项区中，可以设置标注尺寸线的颜色。这个功能是非常实用的，因为在进行尺寸标注的时候，要遵循的原则就是标注清晰、颜色明显，在这里可以设置标注的线型和颜色。单击"颜色"右侧的下拉按钮，在弹出的下拉列表中选择

"红"选项，如图6-41所示，即可将尺寸线的颜色设置为红色，效果如图6-42所示。

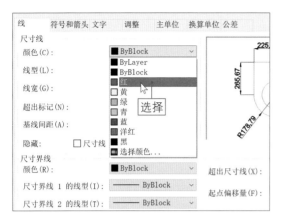

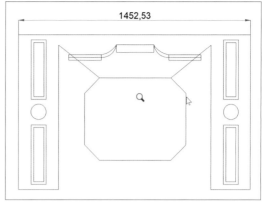

图6-41　选择"红"选项　　　　　　　　图6-42　将尺寸线的颜色设置为红色

通过图6-42可以看出，虽然将尺寸线调整为了红色，但是尺寸线两边的垂直界线还是黑色的，这里需要做出统一调整，使尺寸线与尺寸界线的颜色统一，看起来更美观。在"尺寸界线"选项区中，设置"颜色"为红色，如图6-43所示。"尺寸界线"选项区中的"线型"选项一般保持默认设置，不用调整。

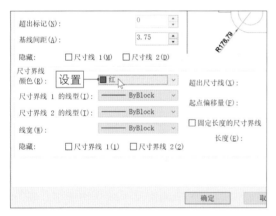

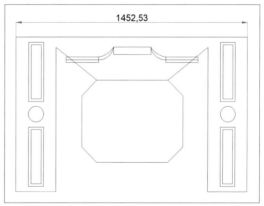

图6-43　设置"尺寸界线"的"颜色"为红色

在"尺寸界线"选项区中有3个比较重要的参数，下面进行具体介绍。

1. 超出尺寸线

在"尺寸界线"选项区的右侧，有一个"超出尺寸线"选项。这个参数是指尺寸界线超过尺寸线的距离，比如，分别设置"超出尺寸线"数值为1与数值为70，区别如图6-44所示。通过图6-44就能一眼看出"超出尺寸线"这个选项在绘图中的重要性了，在绘图时根据图纸给出一个合适的数值即可。

2. 起点偏移量

在"尺寸界线"选项区的右侧，还有一个"起点偏移量"选项。这个参数是指尺寸界线与起点的距离。分别设置"起点偏移量"数值为1与数值为70的区别如图6-45所示。

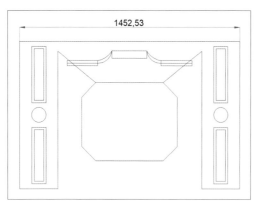
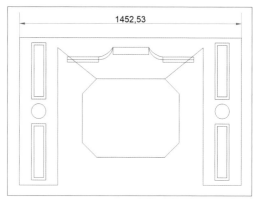

图 6-44　设置"超出尺寸线"数值为 1 与数值为 70 的区别

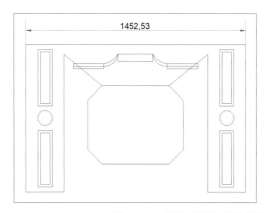
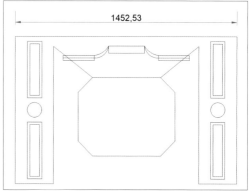

图 6-45　设置"起点偏移量"数值为 1 与数值为 70 的区别

3. 固定长度的尺寸界线

在"尺寸界线"选项区的右侧，还有"固定长度的尺寸界线"复选框。很多初学者都没有注意到这个选项，也没有掌握这个选项的功能。其实，这个选项运用到位，可以达到事半功倍的效果，这个功能非常实用。

当对长度不一的线段进行标注的时候，比如如图6-46所示的素材。默认情况下，标注尺寸的效果如图6-47所示。

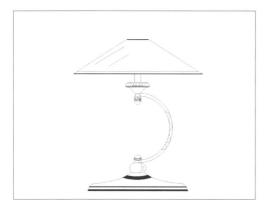
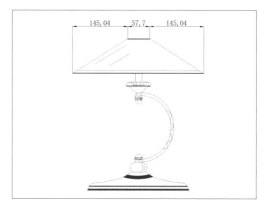

图 6-46　床头灯的素材　　　　　　　图 6-47　一般情况下的尺寸标注效果

当选中"固定长度的尺寸界线"复选框之后，设置"长度"值为10，如图6-48所示，标注出来的效果如图6-49所示，尺寸标注显得更加美观，整个图纸就更加清晰了。

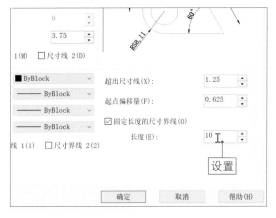

图 6-48　设置"长度"值

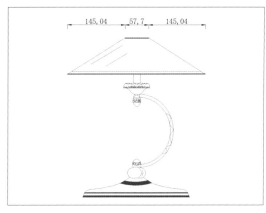

图 6-49　设置之后的标注尺寸效果

6.2.3　设置标注样式的箭头样式

在"符号和箭头"选项卡中，可以设置标注样式的箭头。在"箭头"选项区中，将"第一个"与"第二个"选项设置为"建筑标记"。"箭头大小"一般默认为2.5，根据实际情况可以稍作调整。这里设置"箭头大小"为35，如图6-50所示，单击"确定"按钮。完成设置后的建筑标记样式效果如图6-51所示。

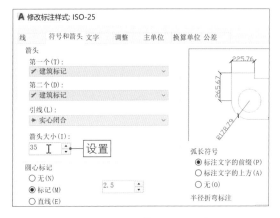

图 6-50　设置"箭头大小"参数

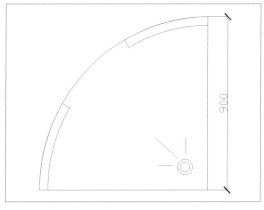

图 6-51　完成设置后的建筑标记样式

6.2.4　设置标注样式的文字属性

在"文字"选项卡中，有两个功能比较实用，一个是文字的颜色，一个是文字的高度，下面分别进行介绍。

1. 设置文字的颜色

一般情况下，标注的颜色要设置得亮一点，这样工人在看图纸的时候才能看得更清楚。可以将标注的颜色设置为红色，效果如图6-52所示。

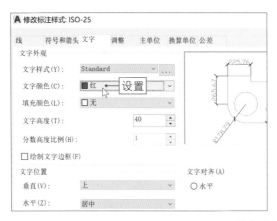
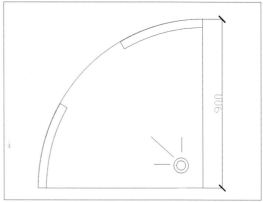

图 6-52 将标注的颜色设置为红色

2. 设置文字的高度

设置文字的高度，这个功能非常实用，因为在标注尺寸的时候，若文字太小，人们基本看不清，这种情况下就需要设置"文字高度"，以此调整标注文字的大小。

如图6-53所示就是"文字高度"分别为2.5与80的标注文字效果。

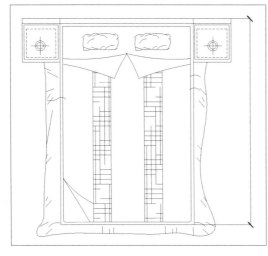
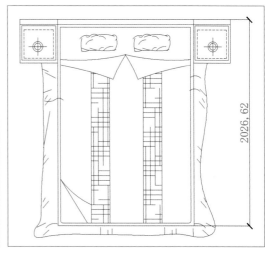

"文字高度"为 2.5　　　　　　　　　　"文字高度"为 80

图 6-53 "文字高度"分别为 2.5 与 80 的标注文字效果

6.2.5 调整尺寸标注的显示位置

如果尺寸界线之间没有足够的空间来放置文字与箭头，那么可以将其从尺寸界线中移出。将文字与箭头移出来之后尺寸标注的箭头与文字显示在哪个位置呢？这就需要用户在

"调整"选项卡中进行相关设置了。在"调整选项"选项区中，一般默认选中"文字或箭头（最佳效果）"单选按钮，让AutoCAD自动匹配最适合的显示效果，如图6-54所示。

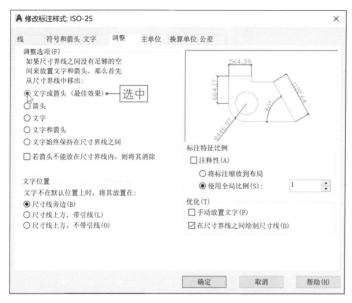

图 6-54 **默认选中"文字或箭头（最佳效果）"单选按钮**

在"文字位置"选项区中，可以设置尺寸标注上文字的显示位置。如果文字不在默认位置上，建议将其放置在尺寸线的上方，带引线。下面来看实例，比如，将文字放在尺寸线的旁边与尺寸线的上方，效果如图6-55所示。

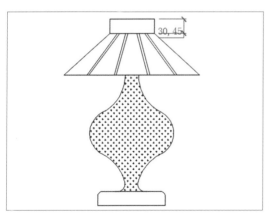
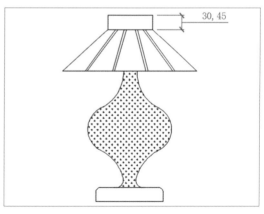

标注文字在尺寸线的旁边　　　　　　　　　　　标注文字在尺寸线的上方

图 6-55 **将文字放在尺寸线的旁边与尺寸线上方的对比效果**

在"标注特征比例"选项区中，还有一个非常重要的参数，就是"使用全局比例"。这个参数有什么作用呢？前面在讲解"文字高度"的时候提到过，标注文字太小，人们基本看不清，在这种情况下，也可以调整全局比例因子，将比例调大一点，这样文字也会变得更大一点。

默认情况下，"使用全局比例"值为1。但是，在模型空间这个比例是很小的。如果在模型空间绘图，建议将"使用全局比例"值设置为100，表示1：100的比例。下面看一下在模型空间中1：1与1：100的尺寸标注效果对比，如图6-56所示。

通过图6-56中两张图片的对比，可以看出，在1：1的比例下，根本看不清标注的文字效果；而在1：100的比例下，尺寸标注文字是非常清晰的。调整"使用全局比例"值，同样能达到调整文字高度的效果。

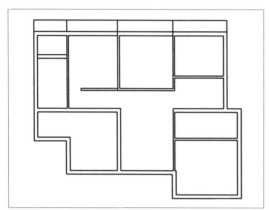
在模型空间中1：1的尺寸标注

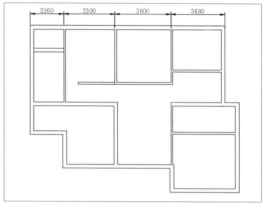
在模型空间中1：100的尺寸标注

图 6-56　在模型空间中 1 ： 1 与 1 ： 100 的尺寸标注效果对比

6.3　创建文字样式与文字

在AutoCAD 2022中，可以创建两种性质的文字，分别是单行文字和多行文字。其中，单行文字常用于不需要使用多种字体的简短内容；多行文字主要用于一些复杂的说明性文字，用户可以为文字设置不同的字体和大小。本节主要介绍创建文字样式与文字的方法。

6.3.1 创建文字样式..

扫码看教程▶

在进行文字标注前，应该先对文字样式进行设置，从而方便、快捷地对图形对象进行标注，得到统一、标准、美观的标注文字。下面介绍创建文字样式的操作步骤。

步骤01 按【Ctrl+O】组合键，打开一幅素材图形（资源\素材\第6章\沙发.dwg），如图6-57所示。

步骤02 在功能区中的"默认"选项卡中，单击"注释"面板中间的下拉按钮，在展开的面板中单击"文字样式"按钮 A，如图6-58所示。

图 6-57　打开一幅素材图形　　　　　　图 6-58　单击"文字样式"按钮

步骤 03 弹出"文字样式"对话框，单击"新建"按钮，如图6-59所示。

步骤 04 弹出"新建文字样式"对话框，在其中设置"样式名"为"标注样式"，如图6-60所示。

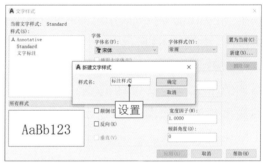

图 6-59　**单击"新建"按钮**　　　　　图 6-60　**设置"样式名"为"标注样式"**

步骤 05 单击"确定"按钮，返回"文字样式"对话框，即可创建文字样式，在"样式"列表框中，将显示新建的文字样式，如图6-61所示。

图 6-61　**显示新建的文字样式**

★ 专家指点 ★

用户还可以通过以下 3 种方法，调用"文字样式"命令。

·命令 1：在命令行中输入 STYLE（文字样式）命令，并按【Enter】键确认。

·命令 2：在命令行中输入 ST（文字样式）命令，并按【Enter】键确认。

·命令 3：显示菜单栏，选择"格式"|"文字样式"命令。

使用以上任意一种方法，均可调用"文字样式"命令。

6.3.2 创建单行文字

扫码看教程▶

对于单行文字来说，它的每一行是一个文字对象，因此可以用于文字内容比较少的文字对象，并且可以对其进行单独编辑。

步骤 01 按【Ctrl+O】组合键，打开一幅素材图形（资源\素材\第6章\煤气灶.dwg），如图6-62所示。

步骤 02 单击功能区中的"默认"选项卡，在"注释"面板中单击"文字"中间的下拉按钮，在弹出的下拉列表中单击"单行文字"按钮A，如图 6-63 所示。

步骤 03 根据命令行提示，在绘图区中图形的下方指定文字的起点，输入文字的高度值30，如图6-64所示，并按两次【Enter】键确认。

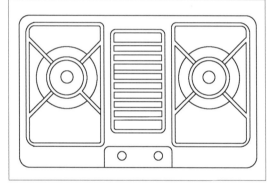

图 6-62　打开一幅素材图形

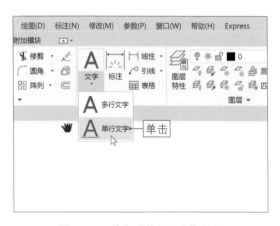

图 6-63　单击"单行文字"按钮

图 6-64　输入文字的高度值 30

步骤 04 在绘图区中输入文字"煤气灶"，并按【Enter】键确认，按【Esc】键完成操作，创建单行文字，并调整文字位置，效果如图6-65所示。

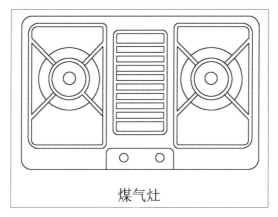

图 6-65　显示"煤气灶"

★ 专家指点 ★

在命令行中输入 DTEXT（单行文字）命令,并按【Enter】键确认,也可以调用"单行文字"命令。

6.3.3　创建多行文字

扫码看教程▶

多行文字又称段落文本，是一种方便管理的文字对象，它可以由两行以上的文字组成，而且所有行的文字都是一个整体。在机械制图中，使用"多行文字"命令创建较为复杂的文字说明，如图样的技术要求等。

步骤01 按【Ctrl+O】组合键，打开一幅素材图形（资源\素材\第6章\电梯大样图.dwg），如图6-66所示。

步骤02 单击功能区中的"默认"选项卡，在"注释"面板中单击"文字"中间的下拉按钮，在弹出的下拉列表中单击"多行文字"按钮A，如图6-67所示。

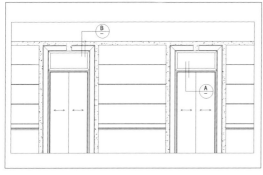

图 6-66　打开一幅素材图形

图 6-67　单击"多行文字"按钮

步骤03 根据命令行提示进行操作，在绘图区下方合适的位置单击，指定第一点，在命令行中输入H（高度），按【Enter】键确认，根据命令行提示，设置文字高度为100，如图6-68所示，按【Enter】键确认，如图6-68所示。

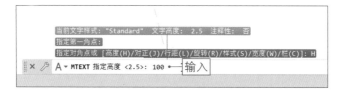

图 6-68　指定文字高度为 100

步骤 04 根据命令行提示，在绘图区中单击指定对角点，弹出文本框，输入文字"图纸说明"等文字，在绘图区的任意位置单击，即可创建多行文字，效果如图6-69所示。

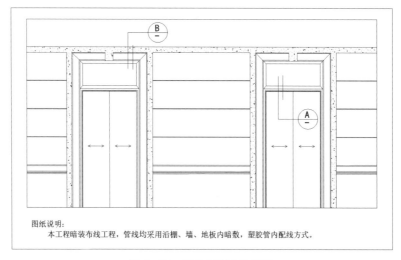

图 6-69　创建多行文字效果

★ 专家指点 ★

用户还可以通过以下 3 种方法，调用"多行文字"命令。

·命令 1：在命令行中输入 MTEXT（多行文字）命令，并按【Enter】键确认。

·命令 2：在命令行中输入 MT（多行文字）命令，按【Enter】键确认。

·命令 3：显示菜单栏，选择"绘图"|"文字"|"多行文字"命令。

使用以上任意一种方法，均可调用"多行文字"命令。

6.3.4　创建特殊字符

扫码看教程 ▶

在AutoCAD 2022中输入文字时，用户还可以输入特殊字符，下面介绍具体的操作步骤。

步骤 01 按【Ctrl+O】组合键，打开一幅素材图形（资源\素材\第6章\户型结构.dwg），如图6-70所示。

步骤 02 单击功能区中的"默认"选项卡，在"注释"面板中单击"多行文字"按钮 **A**，根据命令行提示进行操作，在绘图区中合适的位置单击并拖动鼠标，如图6-71所示。

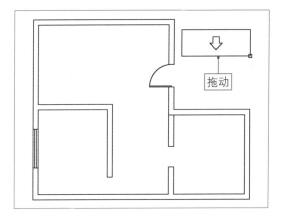

图 6-70　打开一幅素材图形　　　　　　图 6-71　单击并拖动鼠标

步骤 03 拖至合适的位置后单击，弹出文本框，如图6-72所示。

步骤 04 输入"\U+2220=90%%D"，设置文字高度为400，在绘图区中的任意位置单击，即可输入特殊字符，效果如图6-73所示。

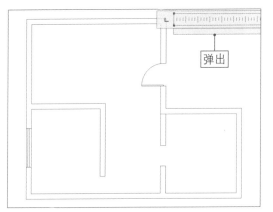

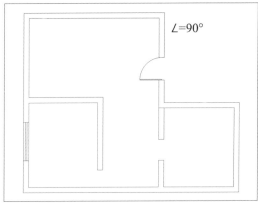

图 6-72　弹出文本框　　　　　　　　　图 6-73　输入相应字符

第 7 章

室内综合小案例实战

通过前面章节的学习，相信读者已经掌握了 AutoCAD 2022 的基本使用方法。本章将通过 4 个综合案例，对 AutoCAD 2022 的主要功能进行总结，帮助读者将前面章节所学的内容进行融会贯通，使读者能够灵活运用所学知识，做到举一反三的目的。

本章重点

- 案例 1：绘制衣柜
- 案例 3：绘制酒柜
- 案例 2：绘制鞋柜
- 案例 4：绘制橱柜

7.1 案例1：绘制衣柜

本实例主要讲解衣柜的绘制方法,在绘图过程中主要用到了"矩形""偏移""分解""延伸""修剪""圆""复制"等命令。本实例的最终效果如图7-1所示。

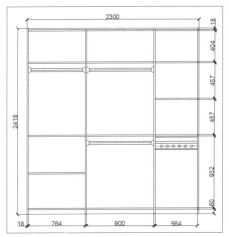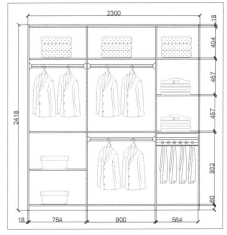

图 7-1 衣柜最终效果

扫码看教程▶

在绘制衣柜之前,首先需要绘制衣柜的基本框架,本实例绘制的衣柜的整体尺寸为2300×2418,具体绘制步骤如下。

步骤01 新建一个AutoCAD文件,输入REC(矩形)命令,按【Enter】键确认。根据命令行提示进行操作,指定第一个角点,输入2300,按【Tab】键,然后输入2418,指定矩形的长宽值,按【Enter】键确认,绘制一个矩形,如图7-2所示。

步骤02 衣柜的层板厚度是18mm,输入O(偏移)命令,按【Enter】键确认。根据命令行提示进行操作,将矩形向内偏移18,如图7-3所示。

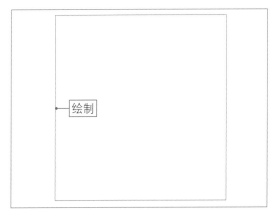

图 7-2 绘制一个矩形

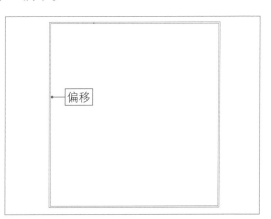

图 7-3 绘制衣柜的层板厚度

步骤 03 按【F8】键开启正交功能。选择偏移后的矩形，单击矩形最下方中间的控制柄，向上引导光标，输入42并确认，调整底部厚度，这是衣柜底层层板的厚度，如图7-4所示。

步骤 04 输入X（分解）命令，按【Enter】键确认，对偏移后的矩形进行分解操作，此时矩形变成了直线段，如图7-5所示。

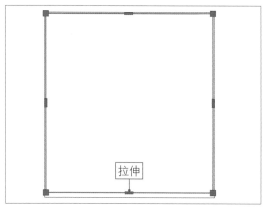

图 7-4　调整衣柜底层层板的厚度

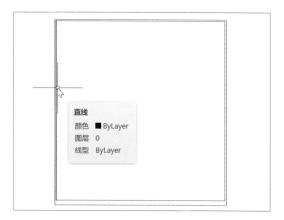

图 7-5　对偏移后的矩形进行分解

步骤 05 输入EX（延伸）命令，按【Enter】键确认，对衣柜两侧的线条进行延伸操作，现在衣柜的外框基本画出来了，如图7-6所示。

步骤 06 输入O（偏移）命令，按【Enter】键确认。根据命令行提示进行操作，将上方第二条直线向下依次偏移18、404、18、457、18、457、18和932，如图7-7所示。

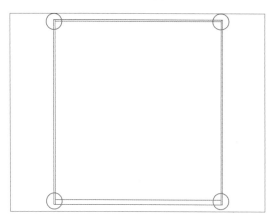

图 7-6　对衣柜两侧的线条进行延伸

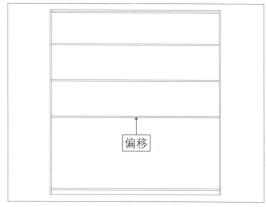

图 7-7　将上方第二条直线向下偏移

步骤 07 继续执行O（偏移）命令，根据命令行提示进行操作，将左侧第二条垂直直线向右依次偏移764、18、900和18，如图7-8所示。

步骤 08 执行CO（复制）命令，根据命令行提示进行操作，将下方相应直线向下进行复制，复制的距离为473；再执行M（移动）命令，将复制的直线向下移动18，效果如图7-9所示。现在，衣柜的大体框架及层板的厚度就画出来了。

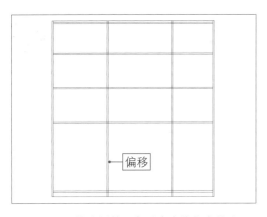

图 7-8　将左侧第二条垂直直线向右偏移

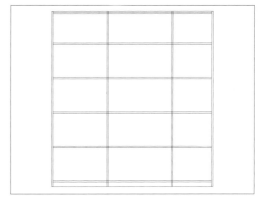

图 7-9　复制并移动相应的直线

步骤 09 执行TR（修剪）命令，在命令行提示下，输入T（剪切边）命令并确认，然后选择相应的垂直直线，如图7-10所示，按【Enter】键确认。

步骤 10 在衣柜图形上拖动鼠标，修剪连续的直线，如图7-11所示。

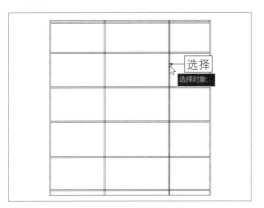

图 7-10　选择相应的垂直直线

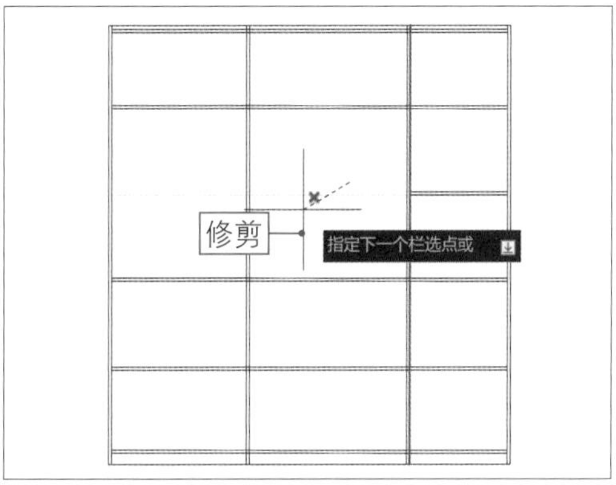

图 7-11　修剪连续的直线

步骤 11 用相同的方法，修剪下方相应的直线，如图7-12所示。

步骤 12 再次执行TR（修剪）命令，修剪衣柜图形中多余的线段，效果如图7-13所示。

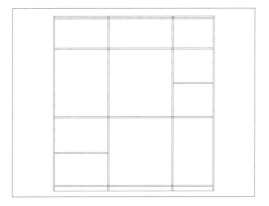

图 7-12　修剪下方相应的直线

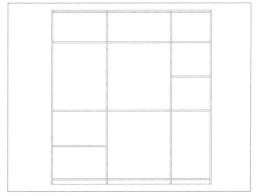

图 7-13　修剪衣柜图形中多余的线段

7.1.2 绘制衣柜的内部细节..

衣柜的基本框架绘制完成后，接下来需要绘制衣柜的内部细节，主要是绘制晾衣杆，用来挂衬衫、衬衣等，具体绘制步骤如下。

步骤01 执行C（圆）命令，在命令行提示下，输入TK（追踪）命令并确认，拾取相应的端点，如图7-14所示。

步骤02 向下引导光标，输入85，按两次【Enter】键确认，指定圆心的位置，如图7-15所示。

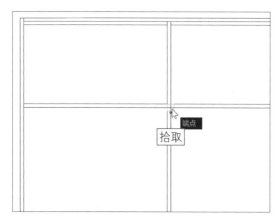

图 7-14　拾取相应的端点

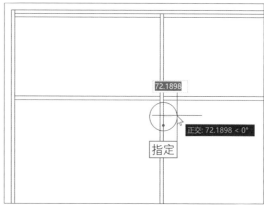

图 7-15　指定圆心的位置

步骤03 输入37并确认，即可绘制一个半径为37的圆，如图7-16所示。

步骤04 执行TR（修剪）命令，修剪多余的弧线，如图7-17所示。

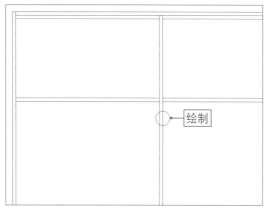

图 7-16　绘制一个半径为 37 的圆

图 7-17　修剪多余的弧线

步骤05 执行 MI（镜像）命令，在命令行提示下，选择绘制的半圆对象，并按【Enter】键确认。捕捉上方直线的中点作为镜像线上的点，单击鼠标左键，然后向下引导光标，至合适的位置后单击，并按【Enter】键确认，即可镜像半圆对象，效果如图 7-18 所示。

步骤 06 执行 L（直线）命令，拾取两个半圆的中点，绘制一条直线，如图 7-19 所示。

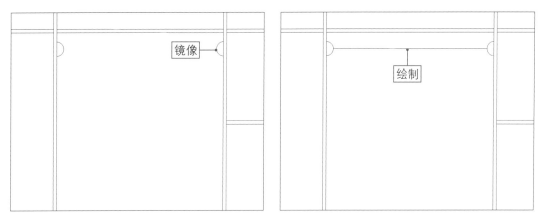

图 7-18　镜像半圆对象　　　　　图 7-19　绘制一条直线

步骤 07 执行 O（偏移）命令，选取上一步绘制的直线，分别向上、向下各偏移 20，如图 7-20 所示。

步骤 08 执行 EX（延伸）命令，按【Enter】键确认，将偏移的两条直线进行延伸，如图 7-21 所示。

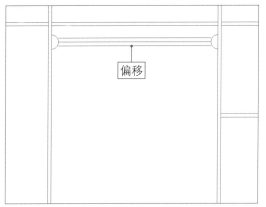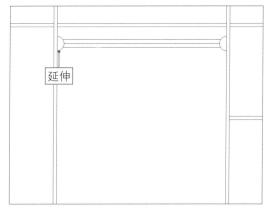

图 7-20　将直线向上、向下各偏移 20　　　　　图 7-21　对偏移的两条直线进行延伸

步骤 09 执行 CO（复制）命令，根据命令行提示进行操作，将前面绘制的晾衣杆向左侧衣柜进行复制，如图 7-22 所示。

步骤 10 框选过长的晾衣杆部分，执行 S（拉伸）命令，将图形向左侧进行拉伸，调整晾衣杆的长度，效果如图 7-23 所示。

步骤 11 用相同的方法，执行 CO（复制）命令，根据命令行提示进行操作，将晾衣杆复制到衣柜的其他位置，效果如图 7-24 所示。

步骤 12 执行 O（偏移）命令，拾取相应的直线，依次向下偏移 15、50、30、70 和 8，如图 7-25 所示。

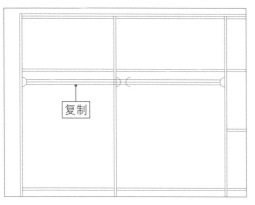

图 7-22　复制晾衣杆

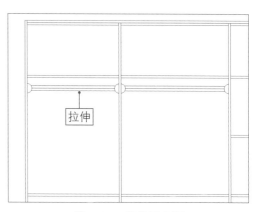

图 7-23　拉伸晾衣杆

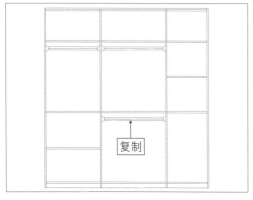

图 7-24　将晾衣杆复制到衣柜的其他位置

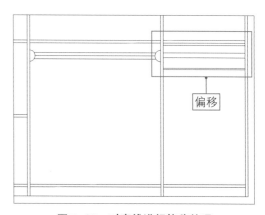

图 7-25　对直线进行偏移处理

步骤13 执行CL（中心线）命令，拾取上下两条直线，即可得到一条中心线；执行X（分解）命令，对中心线进行分解操作；执行TR（修剪）命令，修剪中心线的两端，效果如图7-26所示。

步骤14 执行C（圆）命令，拾取中心线左侧的端点，绘制一个半径为15的圆；执行CO（复制）命令，对圆进行阵列复制，复制出8个圆，然后删除最左侧与最右侧的圆，留下中间的6个圆，效果如图7-27所示。至此，衣柜图形的内部细节绘制完成。

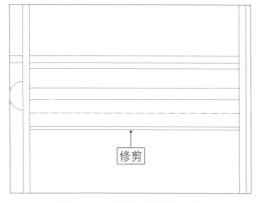

图 7-26　修剪绘制的中心线

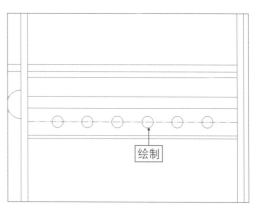

图 7-27　绘制 6 个小圆图形

扫码看教程 ▶

7.1.3 标注衣柜图形的尺寸

当绘制完衣柜后，接下来需要标注衣柜图形的尺寸，帮助读者清楚地知道每条线段之间的距离和各位置的尺寸，具体绘制步骤如下。

步骤 01 执行D（标注样式）命令，弹出"标注样式管理器"对话框，在"样式"列表框中选择ISO-25选项，单击"修改"按钮，如图7-28所示。

步骤 02 弹出"修改标注样式：ISO-25"对话框，在"符号和箭头"选项卡中，设置"第一个"和"第二个"均为"建筑标记"、"箭头大小"为40，如图7-29所示。

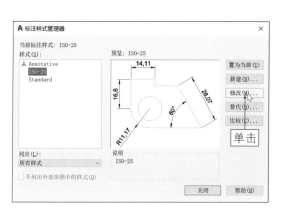

图 7-28　单击"修改"按钮

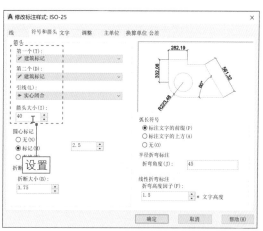

图 7-29　"符号和箭头"选项卡

步骤 03 切换至"文字"选项卡，设置"文字颜色"为红、"文字高度"为60，如图7-30所示。

步骤 04 设置完成后，单击"确定"按钮，返回"标注样式管理器"对话框，在其中可以预览设置的标注样式。最后单击"关闭"按钮，如图7-31所示。

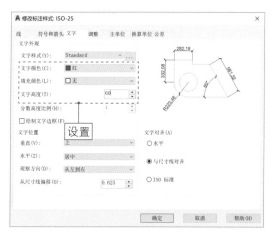

图 7-30　设置标注的文字样式

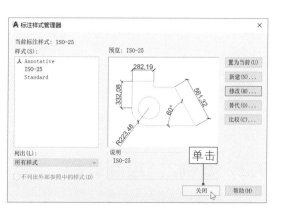

图 7-31　单击"关闭"按钮

步骤 05 在功能区的"注释"选项卡中，单击"标注"面板中的"线性"按钮⊢。根据命令行提示进行操作，在绘图区中最左侧的直线上方单击并向下拖动鼠标，至合适的端点上再次单击，确定标注两点之间的线段，如图7-32所示。

步骤 06 向左拖动鼠标，至合适的位置后单击，即可创建线性尺寸标注，效果如图7-33所示。

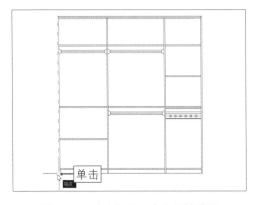

图 7-32　确定标注两点之间的线段

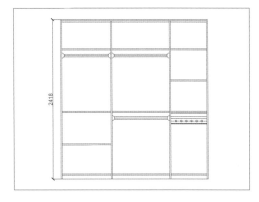

图 7-33　创建线性尺寸标注

步骤 07 用相同的方法，标注衣柜其他线段的尺寸，效果如图7-34所示。

步骤 08 按【Ctrl+O】组合键，打开一个素材文件（资源\素材\第7章\衣柜装饰物.dwg），将其中的素材图像复制、粘贴至绘制完成的衣柜图形中，本实例最终效果如图 7-35 所示。

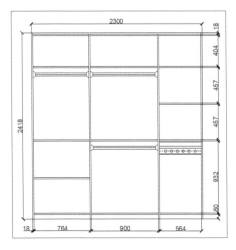

图 7-34　标注衣柜其他线段的尺寸

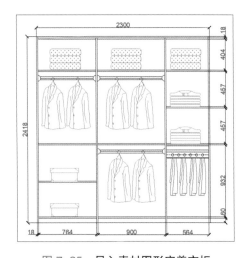

图 7-35　导入素材图形完善衣柜

7.2　案例2：绘制鞋柜

本实例主要讲解鞋柜的绘制方法。在室内装潢设计中，也经常会绘制鞋柜，鞋柜是一种常用的图形对象。本实例的最终效果如图7-36所示。

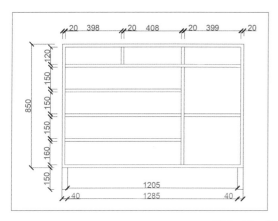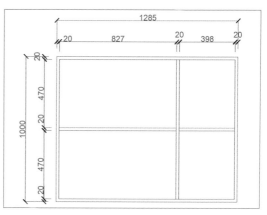

图 7-36 鞋柜最终效果

7.2.1 绘制鞋柜的基本框架

扫码看教程▶

本实例绘制的鞋柜整体尺寸为1285×850，鞋柜中间由150左右的小鞋格组成，还有放高跟鞋的隔层，具体绘制步骤如下。

步骤01 新建一个AutoCAD文件，输入REC（矩形）命令，按【Enter】键确认。根据命令行提示进行操作，指定第一个角点，输入1285，按【Tab】键，然后输入850，指定矩形的长宽值，按【Enter】键确认，绘制一个矩形，如图7-37所示。

步骤02 鞋柜的层板厚度是20，输入O（偏移）命令，按【Enter】键确认。根据命令行提示进行操作，将矩形向内偏移20，如图7-38所示。

图 7-37 绘制一个矩形 　　 图 7-38 将矩形向内偏移 20

步骤03 按【F8】键开启正交功能，选择偏移后的矩形，输入X（分解）命令，按【Enter】键确认，对偏移后的矩形进行分解处理，此时矩形的边变成了线段，如图7-39所示。

步骤04 输入O（偏移）命令，按【Enter】键确认。根据命令行提示进行操作，将上方第二条线段依次向下偏移120、20、150、20、150、20、150和20，如图7-40所示。

室内综合小案例实战

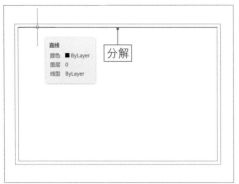

图 7-39　对偏移后的矩形进行分解

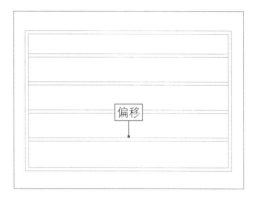

图 7-40　将上方第二条线段向下偏移

步骤 05 继续执行O（偏移）命令，根据命令行提示进行操作，将左侧第二条垂直线段依次向右偏移398、20、408和20，如图7-41所示。

步骤 06 执行TR（修剪）命令，在命令行提示下，输入T（剪切边）命令并确认，然后选择相应的线段，按【Enter】键确认，在鞋柜图形上的合适位置拖动鼠标，修剪连续的线条，如图7-42所示。

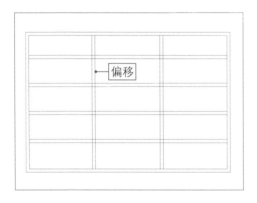

图 7-41　将左侧第二条垂直线段向右偏移

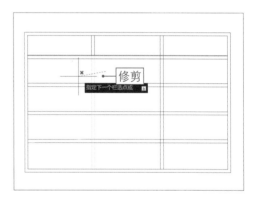

图 7-42　修剪连续的线条

步骤 07 用相同的方法，修剪其他的连续线条，效果如图7-43所示。

步骤 08 再次执行 TR（修剪）命令，修剪鞋柜图形中多余的线段，效果如图 7-44 所示。

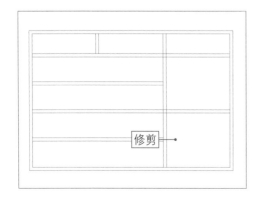

图 7-43　修剪其他连续的线条

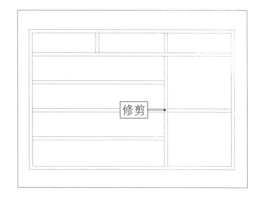

图 7-44　修剪鞋柜图形中多余的线段

步骤 09 执行L（直线）命令，在左下方绘制一条长度为150的垂直直线，如图7-45所示。

步骤 10 执行O（偏移）命令，将垂直直线向右偏移40；执行L（直线）命令，在下方绘制一条直线，完成鞋柜左脚的绘制，如图7-46所示。

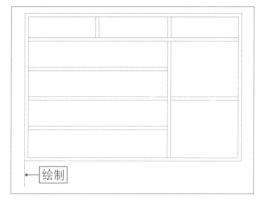

图 7-45 绘制一条 150 的垂直直线

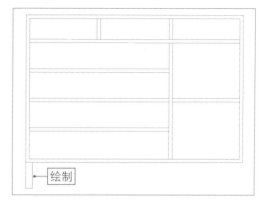

图 7-46 完成鞋柜左脚的绘制

步骤 11 执行MI（镜像）命令，选择鞋柜的左脚，并按【Enter】键确认，捕捉上方直线的中点作为镜像线上的点，单击鼠标左键，向下引导光标，至合适的位置后单击，并按【Enter】键确认，即可镜像图形对象，完成鞋柜右脚的绘制，效果如图7-47所示。至此，鞋柜的基本框架绘制完成。

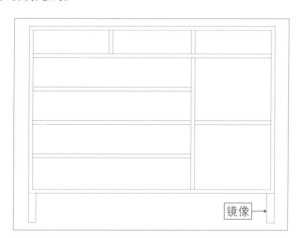

图 7-47 完成鞋柜右脚的绘制

7.2.2 绘制鞋柜上方的储物柜图形

扫码看教程▶

绘制完鞋柜的基本图形后，接下来绘制鞋柜上方的储物柜，具体绘制步骤如下。

步骤 01 执行REC（矩形）命令，在命令行提示下，输入TK（追踪）命令并确认，拾取相应的端点，如图7-48所示。

步骤02 向上引导光标，输入400，按两次【Enter】键确认。指定矩形的第一个角点，输入1285，按【Tab】键，然后输入1000，指定矩形的长宽值，按【Enter】键确认，绘制一个矩形，如图7-49所示。

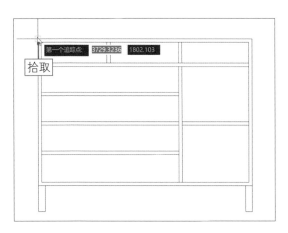

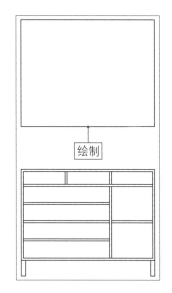

图 7-48　拾取相应的端点　　　　　　　　　　　　图 7-49　绘制一个矩形

步骤03 储物柜的层板厚度是20mm，输入O（偏移）命令，按【Enter】键确认。根据命令行提示进行操作，将新绘制的矩形向内偏移20，如图7-50所示。

步骤04 选择偏移后的矩形，输入X（分解）命令，按【Enter】键确认，对偏移后的矩形进行分解处理，此时矩形的边变成了线段；输入O（偏移）命令，按【Enter】键确认，根据命令行提示进行操作，将上方第二条线段依次向下偏移470和20，如图7-51所示。

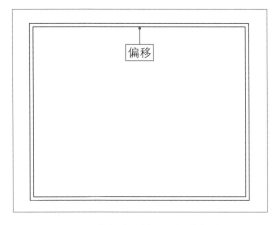

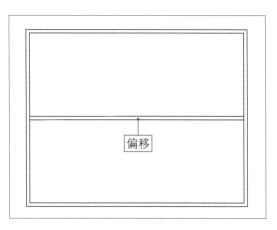

图 7-50　**将新绘制的矩形向内偏移 20**　　　　　图 7-51　**对线段进行偏移操作**

步骤05 继续执行O（偏移）命令，根据命令行提示进行操作，将左侧第二条垂直线段依次向右偏移827和20，如图7-52所示。

步骤06 执行TR（修剪）命令，修剪储物柜图形中多余的线段，效果如图7-53所示。

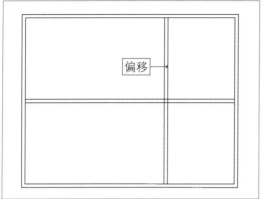

图 7-52 将左侧第二条垂直线段向右偏移

图 7-53 修剪储物柜图形中多余的线段

7.2.3 标注鞋柜图形的尺寸

扫码看教程 ▶

完成鞋柜图形的绘制后，接下来标注鞋柜的尺寸，具体操作步骤如下。

步骤01 执行D（标注样式）命令，弹出"标注样式管理器"对话框，在"样式"列表框中选择ISO-25选项，单击"修改"按钮，弹出"修改标注样式：ISO-25"对话框，在"符号和箭头"选项卡中，设置"第一个"和"第二个"均为"建筑标记"、"箭头大小"为30，如图7-54所示。

步骤02 切换至"文字"选项卡，设置"文字颜色"为红、"文字高度"为40，如图7-55所示。切换至"线"选项卡，设置"起点偏移量"为55，设置完成后，单击"确定"按钮。

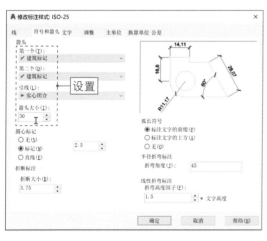

图 7-54 "符号和箭头"选项卡

图 7-55 "文字"选项卡

步骤03 返回"标注样式管理器"对话框，单击"关闭"按钮。在功能区的"注释"选项卡中，单击"标注"面板中的"线性"按钮，在鞋柜图形上创建相应的尺寸标注，效果如图7-56所示。至此，鞋柜图形绘制完成。

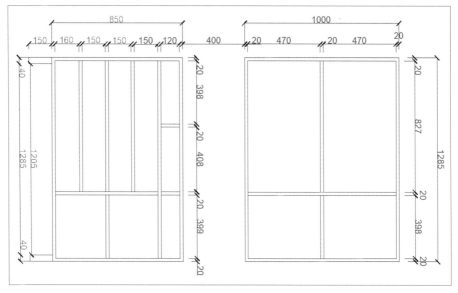

图 7-56　创建相应的尺寸标注

7.3　案例3：绘制酒柜

在很多家庭的新房装修方案中，人们都会设计一个酒柜，既体现了装修的时尚感，又可以用来摆放各种名酒，是一种很现代的设计风格。本节主要讲解酒柜的绘制方法，最终效果如图7-57所示。

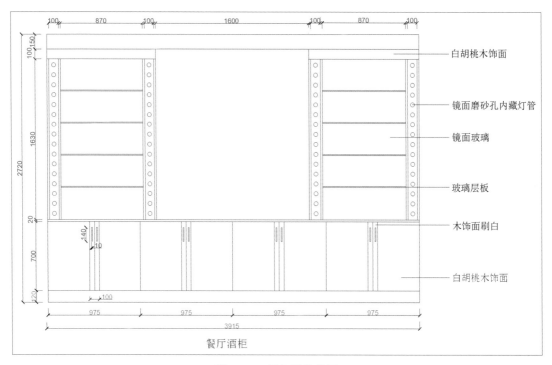

图 7-57　酒柜最终效果

7.3.1 绘制酒柜的基本框架 ....

扫码看教程▶

本实例绘制的酒柜整体尺寸为3900×2720。酒柜分为上、下两部分，下层为封闭的酒柜区域，上层为开放式的酒柜隔层，具体绘制步骤如下。

步骤01 新建一个AutoCAD文件，输入REC（矩形）命令，按【Enter】键确认。根据命令行提示进行操作，指定第一个角点，输入3900，按【Tab】键，然后输入2720，指定矩形的长宽值，按【Enter】键确认，绘制一个矩形，如图7-58所示。

步骤02 选择绘制的矩形，输入X（分解）命令，按【Enter】键确认，对矩形进行分解处理，此时矩形的边变成了线段；输入O（偏移）命令，按【Enter】键确认，根据命令行提示进行操作，将下方的线段依次向上偏移120、700、20、1630和100，如图7-59所示。

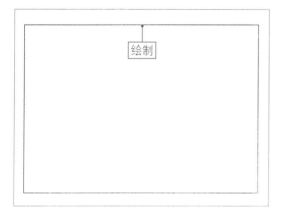

图 7-58 绘制一个矩形

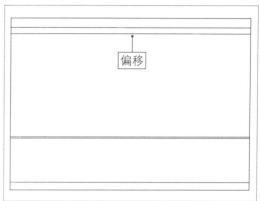

图 7-59 **将下方的线段向上偏移**

步骤03 再次输入O（偏移）命令，按【Enter】键确认。根据命令行提示进行操作，将左右两侧的垂直线段依次向内偏移1150，如图7-60所示。

步骤04 执行TR（修剪）命令，在命令行提示下，输入T（剪切边）命令并确认，然后选择相应的线段，如图7-61所示，按【Enter】键确认。

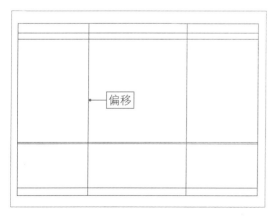

图 7-60 **将左右两侧的垂直线段向内偏移**

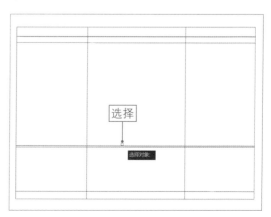

图 7-61 **选择相应的线段**

步骤 05 在酒柜图形上拖动鼠标，修剪连续的线条，如图7-62所示。

步骤 06 再次执行TR（修剪）命令，修剪多余的线条，效果如图7-63所示。至此，酒柜的大体框架就画完了。

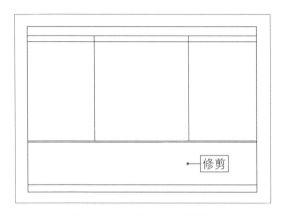

图 7-62　修剪相应连续线条

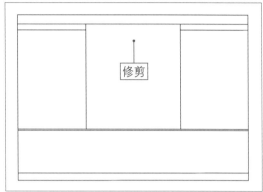

图 7-63　修剪多余的线条

步骤 07 接下来绘制酒柜下方的封闭式柜门。按【F8】键开启正交功能，执行L（直线）命令，在酒柜左侧下方绘制一条长度为700的垂直辅助线，如图7-64所示。

步骤 08 执行CO（复制）命令，选择上一步绘制的辅助线，按【Enter】键确认。指定左下方直线的端点作为基点，输入A（阵列）命令，如图7-65所示。

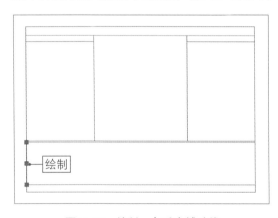

图 7-64　绘制一条垂直辅助线

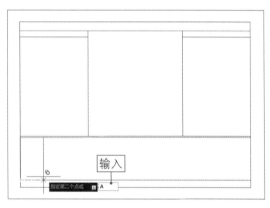

图 7-65　输入 A（阵列）命令

步骤 09 按【Enter】键确认，输入阵列项目数4，按【Enter】键确认，输入975，并按两次【Enter】键确认，即可阵列复制直线，效果如图7-66所示。

步骤 10 删除步骤7中绘制的垂直辅助线，执行L（直线）命令，在酒柜左侧再次绘制一条横向辅助线，如图7-67所示。

步骤 11 执行L（直线）命令，拾取横向辅助线的中点，向下引导光标，在合适的位置上单击，绘制一条垂直直线，如图7-68所示。

步骤 12 执行O（偏移）命令，将上一步绘制的垂直直线分别向左右各偏移50，如图7-69所示。

图 7-66　阵列复制直线

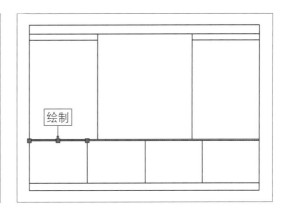

图 7-67　再次绘制一条横向辅助线

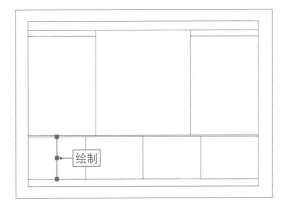

图 7-68　绘制一条垂直直线

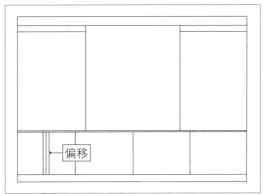

图 7-69　将直线分别向左、右偏移 50

步骤 13 执行REC（矩形）命令，在命令行提示下，输入TK（追踪）命令并确认，拾取相应的端点，如图7-70所示。

步骤 14 向下引导光标，输入60，按【Enter】键确认；向右引导光标，输入18，按两次【Enter】键确认；指定矩形的第一角点，输入10，按【Tab】键，然后输入140，按【Enter】键确认，绘制一个矩形，如图7-71所示，这是酒柜的门把手。

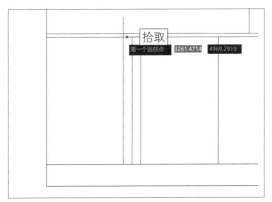

图 7-70　拾取相应的端点

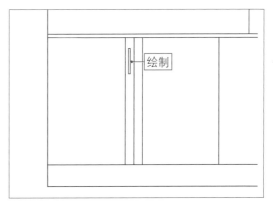

图 7-71　绘制一个 10×140 的矩形

步骤15 执行MI（镜像）命令，在命令行提示下，选择绘制的矩形对象，并按【Enter】键确认。捕捉右侧直线的中点作为镜像线上的点，单击鼠标左键，向下引导光标，至合适的位置后单击，并按【Enter】键确认，即可镜像矩形对象，效果如图7-72所示。

步骤16 通过拖动鼠标框选左下角的3条垂直直线及两个矩形对象，如图7-73所示。

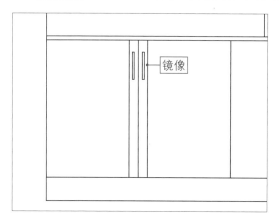

图7-72　镜像矩形对象

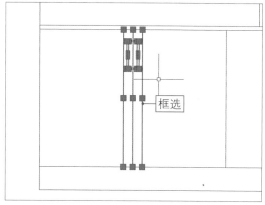

图7-73　框选图形对象

步骤17 执行CO（复制）命令，复制框选的图形对象。根据命令行提示进行操作，捕捉左上角的端点，指定复制的基点，如图7-74所示。

步骤18 向右拖动鼠标，在其他端点上依次单击，复制酒柜的门把手图形，效果如图7-75所示。至此，酒柜的基本框架绘制完成。

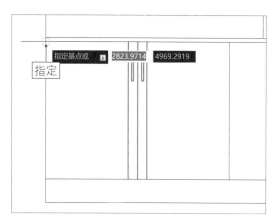

图7-74　指定复制的基点

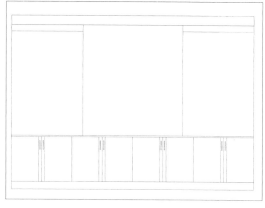

图7-75　复制酒柜的门把手图形

7.3.2　绘制酒柜上方的隔层

扫码看教程 ▶

酒柜的基本框架绘制完成后，接下来绘制酒柜上方的隔层，主要用来摆放各种酒瓶和酒杯，以及一些小物件，具体绘制步骤如下。

步骤01 执行L（直线）命令，在酒柜的左侧绘制一条垂直辅助线，如图7-76所示。

步骤 02 执行O（偏移）命令，根据命令行提示进行操作，将左侧的垂直辅助线依次向右偏移20、100和20，如图7-77所示。

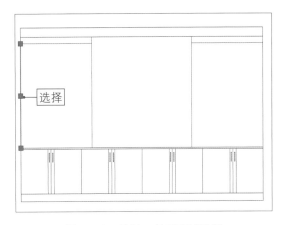

图 7-76　绘制一条垂直辅助线

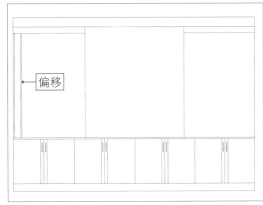

图 7-77　将辅助线向右偏移

步骤 03 执行MI（镜像）命令，对偏移后的垂直直线进行镜像处理，效果如图7-78所示。

步骤 04 执行L（直线）命令，在酒柜的下方绘制一条水平辅助线，并将水平辅助线向上偏移10，如图7-79所示。

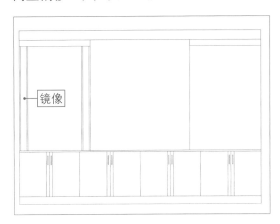

图 7-78　对偏移后的垂直直线进行镜像处理

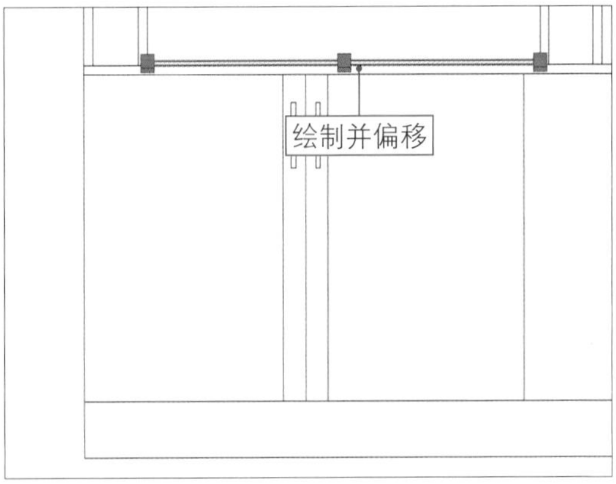

图 7-79　绘制并偏移水平辅助线

步骤 05 执行CO（复制）命令，复制上一步绘制的两条水平辅助线，指定下方辅助线左侧的端点作为基点。根据命令行提示输入A（阵列）命令，按【Enter】键确认。再输入6并确认，输入F（布满）命令并确认。在上方捕捉合适的端点，对两条辅助线进行阵列复制，然后删除上下多余的水平辅助线，效果如图7-80所示。

步骤 06 执行L（直线）命令，在酒柜的左上方绘制一条水平辅助线，如图7-81所示。

步骤 07 执行C（圆）命令，在命令行提示下，输入TK（追踪）命令并确认。拾取上一步绘制的辅助线的中点，向下引导光标，输入62，按两次【Enter】键确认。确定圆心的位置，输入21并确认，即可绘制一个半径为21的圆，如图7-82所示。

室内综合小案例实战

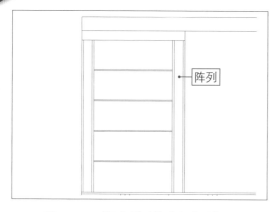

图 7-80 对两条辅助线进行阵列复制

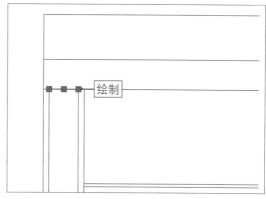

图 7-81 在左上方绘制一条水平辅助线

步骤 08 执行CO（复制）命令，复制上一步绘制的圆对象，按【Enter】键确认，指定圆心作为基点，如图7-83所示。

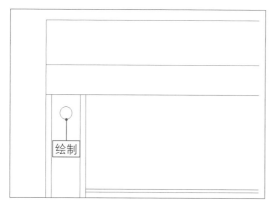

图 7-82 绘制一个半径为 21 的圆

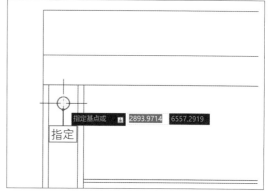

图 7-83 指定圆心作为基点

步骤 09 输入 A（阵列）命令，按【Enter】键确认，输入 16 并确认，输入 F（布满）命令并确认，向下拖动鼠标，至合适的位置单击，即可阵列复制圆，如图 7-84 所示。

步骤 10 执行 MI（镜像）命令，对阵列复制的圆对象进行镜像处理，效果如图 7-85 所示。

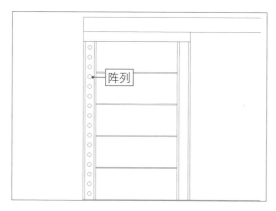

图 7-84 阵列复制圆对象

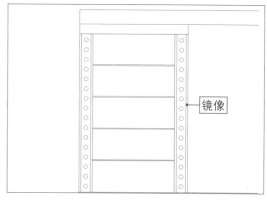

图 7-85 对圆进行镜像处理

步骤11 删除酒柜右侧的相应线段，然后框选酒柜左侧的图形对象，如图7-86所示。

步骤12 执行MI（镜像）命令，对框选的图形对象进行镜像处理，使酒柜两侧的隔层对称，效果如图7-87所示。至此，酒柜上方的隔层绘制完成。

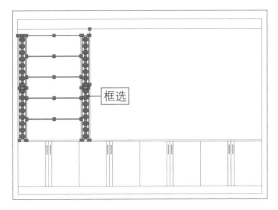

图 7-86　框选酒柜左侧的图形对象

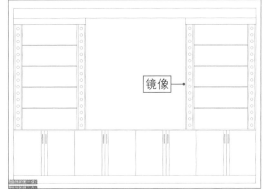

图 7-87　对图形进行镜像处理

7.3.3 创建尺寸标注与文字

扫码看教程▶

　　尺寸标注可以清晰地展示图形的真实尺寸，而文字对象可以对图纸起到说明的作用，用来解释图纸中建筑的材质和装饰要求。下面讲解在酒柜图形中创建标尺标注与文字的方法。

步骤01 执行D（标注样式）命令，弹出"标注样式管理器"对话框，在"样式"列表框中选择ISO-25选项。单击"修改"按钮，弹出"修改标注样式：ISO-25"对话框，在"线"选项卡中设置"起点偏移量"为55；切换至"符号和箭头"选项卡，设置"第一个"和"第二个"均为"建筑标记"、"箭头大小"为30，如图7-88所示。

步骤02 切换至"文字"选项卡，设置"文字颜色"为红、"文字高度"为50，如图7-89所示。设置完成后，单击"确定"按钮。

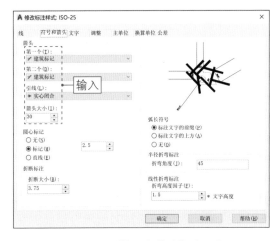

图 7-88　"符号和箭头"选项卡

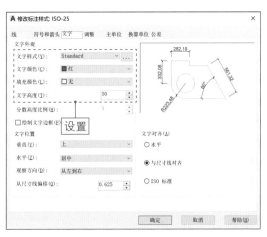

图 7-89　"文字"选项卡

步骤03 返回"标注样式管理器"对话框,单击"关闭"按钮。在功能区的"注释"选项卡中,单击"标注"面板中的"线性"按钮，在酒柜图形上创建相应的尺寸标注,效果如图7-90所示。

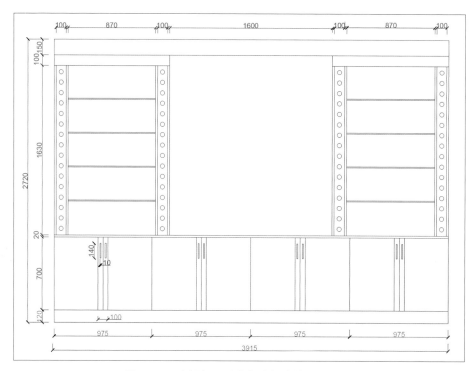

图 7-90　在酒柜图形上创建相应的尺寸标注

步骤04 执行DTEXT(单行文字)命令,在绘图区图形的下方指定文字的起点,输入文字的高度值80,并按两次【Enter】键确认;在绘图区中输入文字"餐厅酒柜",并按【Enter】键确认,按【Esc】键退出文字输入状态,创建单行文字,并调整文字位置,效果如图7-91所示。

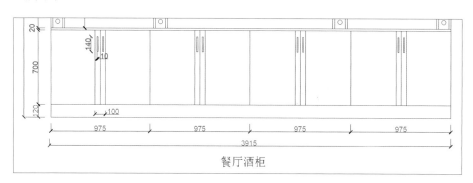

图 7-91　创建单行文字

步骤05 参照上面的方法,执行L(直线)命令,在酒柜图形上绘制相应的直线;执行DTEXT(单行文字)命令,在合适的位置添加文字说明,效果如图7-92所示。至此,完成酒柜图形的绘制。

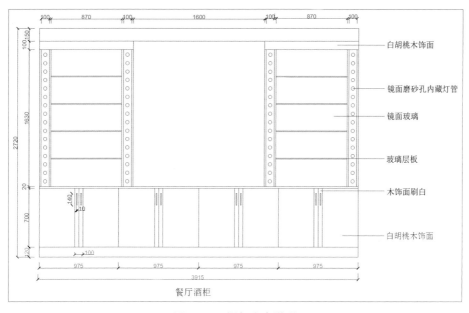

图 7-92　添加文字说明

7.4　案例4：绘制橱柜

　　本实例主要讲解橱柜的绘制方法，最终效果如图7-93所示。它比前面3个实例稍微难一点，用到的命令也多一些，希望读者通过本实例的学习，完全掌握AutoCAD常用绘图命令的使用技巧。

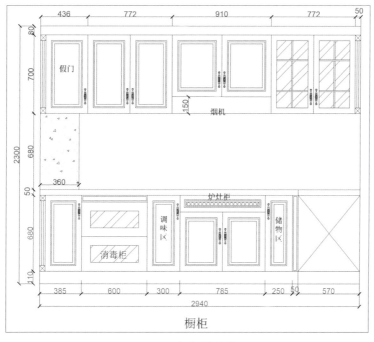

图 7-93　橱柜最终效果

本实例绘制的橱柜整体尺寸为2940×2300，橱柜分为上、下两部分，上层用来摆放一些不常用的厨具用品，下层用来摆放锅碗瓢盆等常用物件，消毒柜也在下层橱柜中，具体绘制步骤如下。

步骤01 新建一个AutoCAD文件，输入REC（矩形）命令，按【Enter】键确认。根据命令行提示进行操作，指定第一个角点，输入2940，按【Tab】键，然后输入2300，指定矩形的长宽值，按【Enter】键确认，绘制一个矩形，如图7-94所示。

步骤02 选择绘制的矩形，输入X（分解）命令，按【Enter】键确认，对矩形进行分解处理，此时矩形的边变成了线段；输入O（偏移）命令，按【Enter】键确认，根据命令行提示进行操作，将下方的线段依次向上偏移110、680、50、680和700，如图7-95所示。

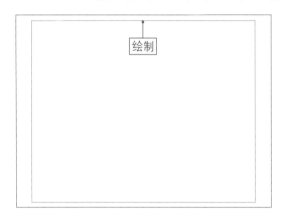

图 7-94　绘制一个矩形

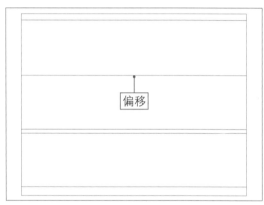

图 7-95　将下方的线段向上偏移

步骤03 执行L（直线）命令，在橱柜的左侧绘制一条垂直辅助线，如图7-96所示。

步骤04 执行O（偏移）命令，根据命令行提示进行操作，将左侧的垂直辅助线依次向右偏移50、335、600、300、785和250，如图7-97所示。

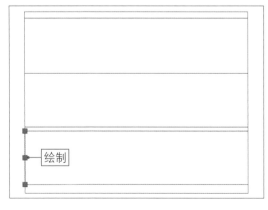

图 7-96　绘制一条垂直辅助线

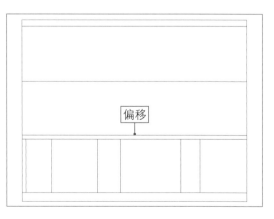

图 7-97　对辅助线进行偏移处理

步骤 05 执行O（偏移）命令，将上下两条水平线段各向内偏移50，如图7-98所示。

步骤 06 执行TR（修剪）命令，修剪多余的线段，如图7-99所示。

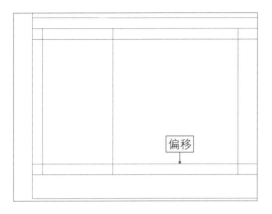

图 7-98 **将线段各向内偏移 50**

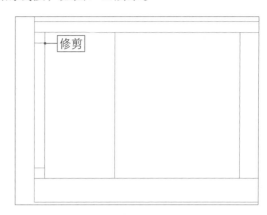

图 7-99 **修剪多余的线段**

步骤 07 执行CO（复制）命令，复制左侧的垂直线段，指定相应的端点作为基点。根据命令行提示输入A（阵列）命令，按【Enter】键确认，输入4并确认，输入F（布满）命令并确认，捕捉合适的端点，对垂直线段进行阵列复制，然后删除左右多余的线段，如图7-100所示。

步骤 08 执行TR（修剪）命令，修剪多余的线段，效果如图7-101所示。

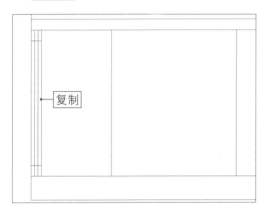

图 7-100 **对垂直线段进行阵列复制**

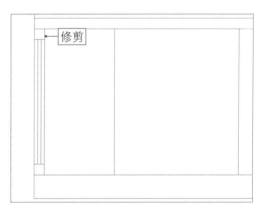

图 7-101 **修剪多余的线段**

步骤 09 执行L（直线）命令，在上、下两个小矩形内绘制交叉的直线，如图7-102所示。

步骤 10 执行REC（矩形）命令，在右侧绘制一个大矩形；执行O（偏移）命令，将大矩形依次向内偏移50、10和20，完成柜门的绘制，如图7-103所示。

步骤 11 执行REC（矩形）命令，在右侧绘制一个600×60的小矩形，然后向内偏移10，如图7-104所示。

步骤 12 执行L（直线）命令，先绘制一条垂直辅助线，然后拾取辅助线的中点，绘制一条中线，如图7-105所示。

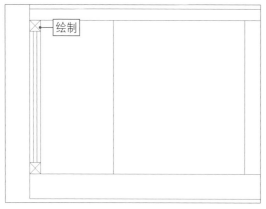

图 7-102 在上、下小矩形内绘制交叉的直线

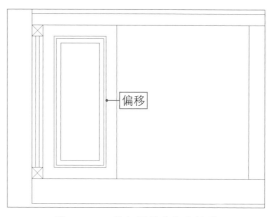

图 7-103 将矩形依次向内偏移

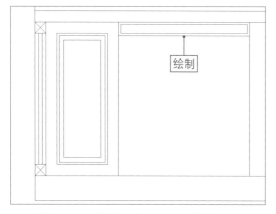

图 7-104 绘制一个 600×60 的小矩形

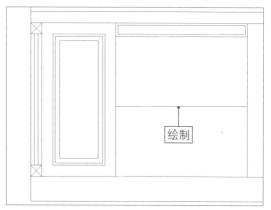

图 7-105 绘制一条中线

步骤13 执行BO（边界）命令，弹出"边界创建"对话框，单击"拾取点"按钮，拾取上、下两个矩形，按空格键确认，创建两个矩形边界对象；执行O（偏移）命令，将上、下两个矩形各向内偏移80，如图7-106所示，然后删除两个矩形边界对象。

步骤14 执行BO（边界）命令，弹出"边界创建"对话框，单击"拾取点"按钮，拾取相应的边界创建矩形，如图7-107所示，按空格键确认。

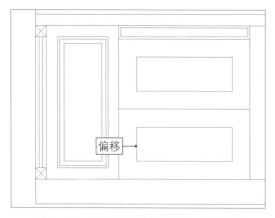

图 7-106 将上下两个矩形依次向内偏移

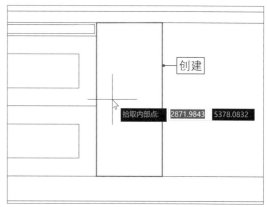

图 7-107 拾取相应的边界创建矩形

步骤15 执行O（偏移）命令，将矩形依次向内偏移50、10和20，完成柜门的绘制，如图7-108所示。

步骤16 执行REC（矩形）命令，在右侧绘制一个785×150的小矩形，然后依次向内偏移40、10和10，如图7-109所示。

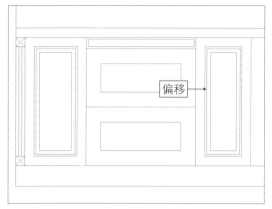

图 7-108　完成柜门的绘制

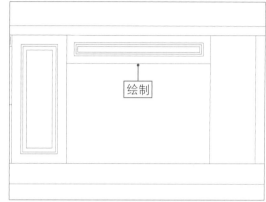

图 7-109　绘制小矩形并向内偏移

步骤17 执行L（直线）命令，拾取上方直线的中点，绘制一条中线，如图7-110所示。

步骤18 执行BO（边界）命令，弹出"边界创建"对话框，单击"拾取点"按钮，拾取左右两个矩形，按空格键确认，创建两个矩形边界对象；执行O（偏移）命令，将左右两个矩形依次各向内偏移50、10和20，如图7-111所示，然后删除两个矩形边界对象。

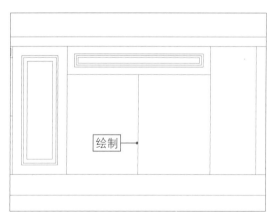

图 7-110　绘制一条中线

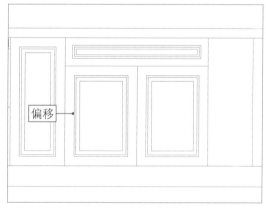

图 7-111　创建矩形边界对象并向内偏移

步骤19 执行BO（边界）命令，弹出"边界创建"对话框，单击"拾取点"按钮，拾取右侧的矩形，按空格键确认，创建矩形边界对象；执行O（偏移）命令，将矩形依次向内偏移50、10和20，如图7-112所示，然后删除矩形边界对象。

步骤20 执行O（偏移）命令，将右侧垂直直线向右偏移50；执行EX（延伸）命令，延伸垂直直线的两侧，如图7-113所示。

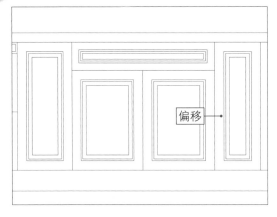

图 7-112　创建矩形边界对象并进行偏移处理

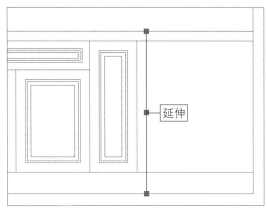

图 7-113　对直线进行延伸处理

步骤 21 执行BO（边界）命令，弹出"边界创建"对话框，单击"拾取点"按钮，拾取相应的矩形，按空格键确认，创建矩形边界对象；执行O（偏移）命令，将矩形向内偏移10，如图7-114所示，然后删除矩形边界对象。

步骤 22 执行L（直线）命令，在右侧绘制两条交叉线，这里表示另外一排柜子，如图7-115所示。这样，下面这一排橱柜就绘制完成了。

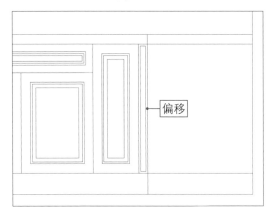

图 7-114　创建矩形边界对象并进行偏移

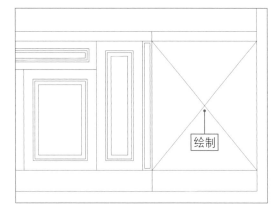

图 7-115　在右侧绘制两条交叉线

步骤 23 按【Ctrl+O】组合键，打开一幅素材图形（资源\素材\第7章\橱柜柜门把手.dwg），将其复制并粘贴到下层橱柜柜门的相应位置，效果如图7-116所示。

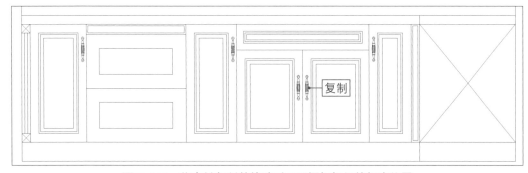

图 7-116　将素材复制并粘贴到下层橱柜柜门的相应位置

7.4.2 绘制上层橱柜的框架 ....

扫码看教程▶

下层橱柜的基本图形绘制完成后，接下来绘制上层橱柜的框架，具体绘制步骤如下。

步骤 01 框选下层橱柜中的相应图形，如图7-117所示。

步骤 02 执行CO（复制）命令，将图形复制到上层橱柜的左侧；执行S（拉伸）命令，对图形进行拉伸处理，如图7-118所示。

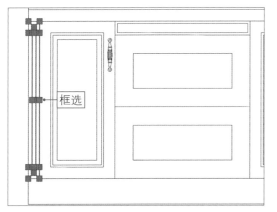

图 7-117　框选下层橱柜中的相应图形　　　　图 7-118　复制并拉伸图形对象

步骤 03 执行O（偏移）命令，根据命令行提示进行操作，将左侧垂直直线依次向右偏移386、772和910，如图7-119所示。

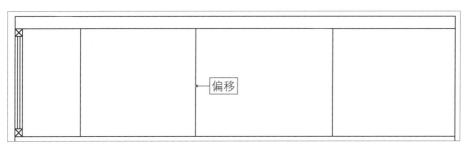

图 7-119　将左侧垂直直线向右偏移

步骤 04 执行BO（边界）命令，创建矩形边界对象；执行O（偏移）命令，将矩形依次向内偏移50、10和20，如图7-120所示，然后删除矩形边界对象。

步骤 05 执行L（直线）命令，先绘制一条水平辅助线，拾取辅助线的中点，绘制一条中线；执行BO（边界）命令，创建两个矩形边界对象；执行O（偏移）命令，将左、右两个矩形各向内依次偏移50、10和20，如图7-121所示，然后删除辅助线和两个矩形边界对象。

步骤 06 执行L（直线）命令，先绘制一条水平辅助线；执行O（偏移）命令，将辅助线向上偏移150；执行L（直线）命令，拾取直线的中点，绘制一条中线，如图7-122所示。

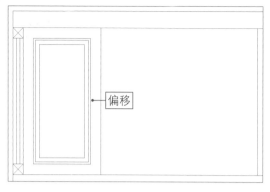

图 7-120 　将矩形边界对象依次向内偏移

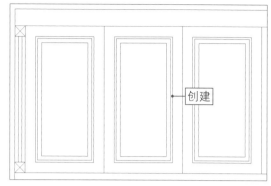

图 7-121 　创建矩形边界对象并进行偏移

步骤 07 执行BO（边界）命令，创建两个矩形边界对象；执行O（偏移）命令，将左、右两个矩形各向内依次偏移50、10和20，如图7-123所示，然后删除辅助线和两个矩形边界对象。

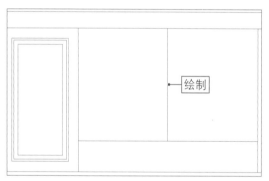

图 7-122 　绘制一条中线

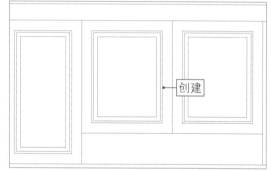

图 7-123 　创建矩形边界对象并进行偏移

步骤 08 执行CO（复制）命令，将橱柜上层左侧的相应图形复制到右侧的合适位置；执行L（直线）命令，绘制一条垂直直线，完善图形，如图7-124所示。

步骤 09 执行L（直线）命令，绘制一条水平辅助线，然后拾取直线的中点，绘制一条中线，如图7-125所示。

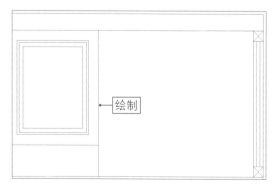

图 7-124 　绘制一条垂直直线

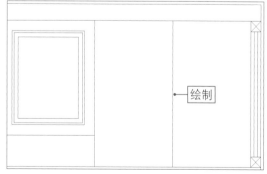

图 7-125 　绘制一条中线

步骤10 执行BO（边界）命令，创建两个矩形边界对象；执行O（偏移）命令，将左、右两个矩形各向内偏移50，如图7-126所示，然后删除辅助线和两个矩形边界对象。

步骤11 执行X（分解）命令，对矩形进行分解；执行O（偏移）命令，将下方直线向上依次偏移147、10、264和10；将左侧垂直直线依次向右偏移138和10，如图7-127所示。

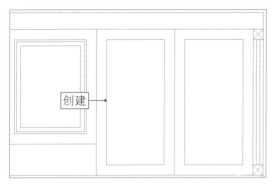

图 7-126　创建两个矩形边界对象并进行偏移

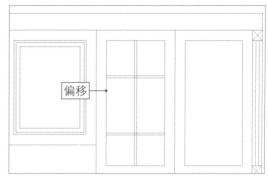

图 7-127　对直线进行偏移操作

步骤12 执行TR（修剪）命令，修剪多余的直线；执行CO（复制）命令，将上一步中偏移的直线复制到右侧的矩形内，此时，上层橱柜的基本框架就绘制完成了，如图7-128所示。

图 7-128　上层橱柜绘制完成

步骤13 执行CO（复制）命令，将"橱柜柜门把手.dwg"图形复制到上层橱柜中的相应位置，效果如图7-129所示。

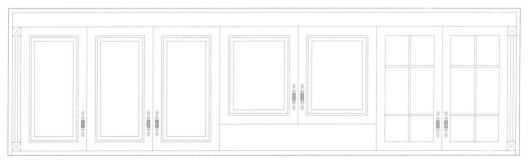

图 7-129　复制"橱柜柜门把手.dwg"图形

步骤14 执行REC（矩形）命令，在橱柜的左侧绘制一个360×680的矩形，如图7–130所示，这里是烟道区域。至此，橱柜的整体框架基本完成。

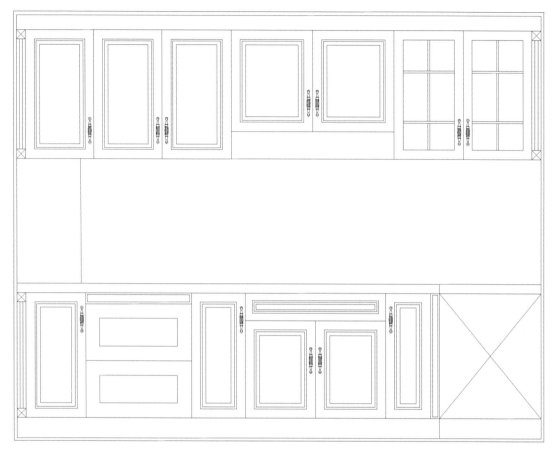

图 7–130　橱柜的整体框架基本完成

7.4.3　对图形进行填充操作..

扫码看教程▶

橱柜绘制完成后，接下来对相应区域进行填充，使图纸更加形象、真实。填充图形的具体操作步骤如下。

步骤01 单击功能区中的"默认"选项卡，在"绘图"面板中单击"图案填充"按钮 ▨，弹出"图案填充创建"选项卡。单击"图案填充图案"列表框右侧的下拉按钮，在弹出的下拉列表中选择AR-CONC选项，如图7–131所示。

步骤02 在绘图区中拾取需要填充的区域，即可填充图形对象，效果如图7–132所示。

步骤03 用相同的方法，为橱柜的其他区域填充相应的图案，效果如图7–133所示。

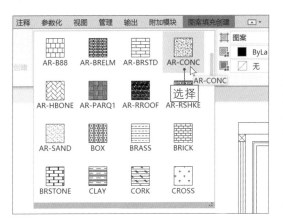

图 7-131 选择 AR-CONC 选项

图 7-132 填充图形对象

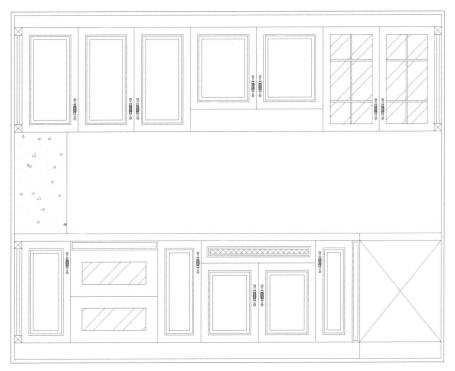

图 7-133 为橱柜的其他区域填充相应的图案

7.4.4 创建尺寸标注与文字

扫码看教程▶

完成图案的填充后，接下来创建尺寸标注与文字对象，使图纸更加细致、明了。创建尺寸标注与文字对象的具体操作步骤如下。

步骤01 执行D（标注样式）命令，弹出"标注样式管理器"对话框，在"样式"列表框中选择ISO-25选项。单击"修改"按钮，弹出"修改标注样式：ISO-25"对话框，在"线"选项卡中设置"起点偏移量"为80；切换至"符号和箭头"选项卡中，设置"第一个"和"第二个"均为"建筑标记"、"箭头大小"为30，如图7-134所示。

步骤02 切换至"文字"选项卡，设置"文字颜色"为红、"文字高度"为50，如图7-135所示。设置完成后，单击"确定"按钮。

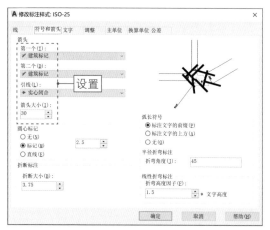

图 7-134　"符号和箭头"选项卡

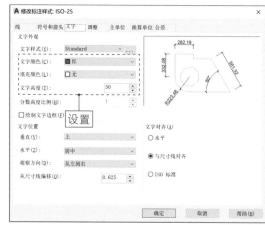

图 7-135　"文字"选项卡

步骤03 返回"标注样式管理器"对话框，单击"关闭"按钮。在功能区的"注释"选项卡中，单击"标注"面板中的"线性"按钮，在橱柜图形上创建相应的尺寸标注，效果如图7-136所示。

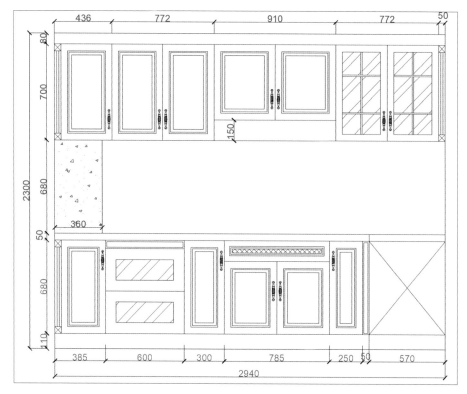

图 7-136　在橱柜图形上创建相应的尺寸标注

步骤04 执行DTEXT（单行文字）命令，参照上一例，在绘图区中的适当位置添加相应的说明文字，并调整文字的位置，最终效果如图7-137所示。至此，完成橱柜图形的绘制。

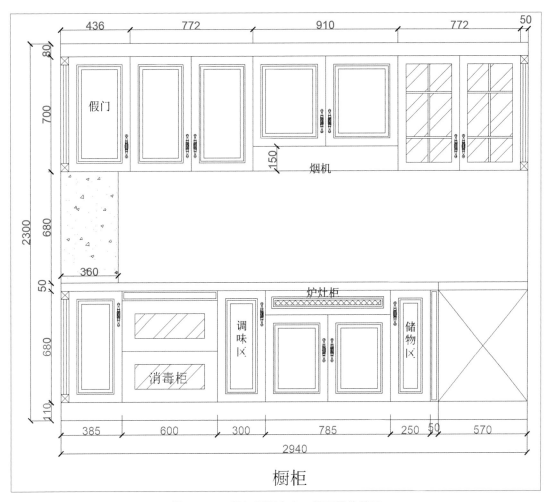

图 7-137 添加说明文字，得到最终效果

第 8 章
室内平面图案例实战

经过前面章节对 AutoCAD 2022 功能和实战案例的讲解，相信大家已掌握相关技术，本章将带领读者学习室内平面图的绘制。室内平面图包括室内原始结构图、家具布置图、拆砌墙和地面铺贴图、天花吊顶图、灯具定位图、插座布置图、开关布置图及水路布置图等，希望读者学完以后可以举一反三，绘制出更多专业的室内平面图。

本章重点

- 绘制室内原始结构图
- 绘制拆砌墙、地面铺贴图
- 绘制房屋细节布置图
- 绘制室内家具布置图
- 绘制天花吊顶图

8.1 绘制室内原始结构图

本节主要讲解室内原始结构图的绘制，主要包括内墙、外墙、窗户、强弱电、烟道、水管的绘制等，以及创建与管理室内图中的图层和在布局空间添加注释等，希望读者熟练掌握这些室内平面图的绘制要点。

8.1.1 绘制原始结构图的内墙...

扫码看教程▶

在现场量房以后，就可以绘制房屋的原始结构图了，主要运用"直线"工具（命令：L）进行绘制。"直线"工具不是绘图最快的工具，但是对新手来说，是比较稳妥的工具，出了问题也方便修改。下面介绍绘制室内原始结构图内墙的方法，具体操作步骤如下。

步骤01 新建一个AutoCAD文件，执行LA（图层）命令，弹出"图层特性管理器"面板，在0图层上单击"线宽"列，弹出"线宽"对话框，在"线宽"下拉列表中选择0.30mm选项，单击"确定"按钮，设置"线宽"为0.3mm，如图8-1所示。

步骤02 在状态栏上单击"显示/隐藏线宽"按钮▤，打开该功能。执行OS（极轴追踪）命令，打开"草图设置"对话框。在"极轴追踪"选项卡中，选中"启用极轴追踪"复选框，设置"增量角"为30，如图8-2所示，单击"确定"按钮。

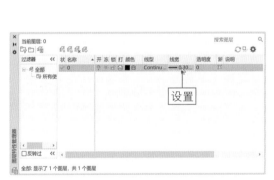

图 8-1 设置"线宽"为 0.3mm

图 8-2 设置"增量角"为 30

步骤03 执行L（直线）命令，指定第一点；向右引导光标，输入970并确认；向右引导光标，输入100并确认；向上引导光标，输入570并确认；向右引导光标，输入240并确认；向下引导光标，输入570并确认；向右引导光标，输入610并确认；向右引导光标，输入1150并确认；向右引导光标，输入20并确认；向上引导光标，输入2400并确认，如图8-3所示。

步骤04 向左引导光标，输入600并确认；向上引导光标，输入350并确认；向左引导光标，输入1180并确认；向下引导光标，输入580并确认；向左引导光标，输入240并确认；向上引导光标，输入840并确认；向右引导光标，输入2820并确认；向下引导光标，

室内平面图案例实战

165

输入140并确认；向左引导光标，输入570并确认；向下引导光标，输入90并确认；向左引导光标，输入100并确认；向下引导光标，输入960并确认；向右引导光标，输入730并确认；向下引导光标，输入130并确认；向左引导光标，输入730并确认，如图8-4所示。

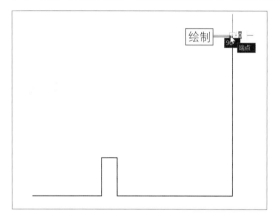

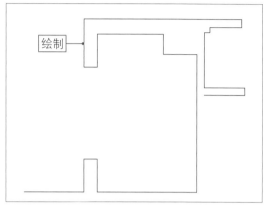

图 8-3　绘制结构图 1

图 8-4　绘制结构图 2

步骤05 向下引导光标，输入1690并确认；向右引导光标，输入400并确认；向右引导光标，输入860并确认；向右引导光标，输入410并确认；向上引导光标，输入1690并确认；向左引导光标，输入140并确认；向上引导光标，输入130并确认；向右引导光标，输入120并确认；向上引导光标，输入80并确认；向右引导光标，输入130并确认；向下引导光标，输入1900并确认，如图8-5所示。

步骤06 向右引导光标，输入3160并确认；向上引导光标，输入490并确认；向上引导光标，输入1540并确认；向上引导光标，输入790并确认；向左引导光标，输入1970并确认；向上引导光标，输入100并确认；向左引导光标，输入1190并确认；向下引导光标，输入80并确认；向左引导光标，输入130并确认；向上引导光标，输入230并确认；向右引导光标，输入490并确认；向上引导光标，输入390并确认，如图8-6所示。

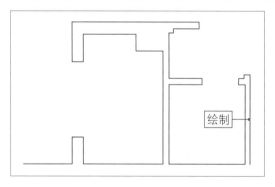

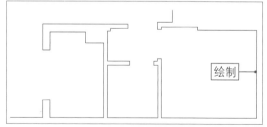

图 8-5　绘制结构图 3

图 8-6　绘制结构图 4

步骤07 向右引导光标，输入140并确认；向下引导光标，输入390并确认，向右引导光标，输入2660并确认；向上引导光标，输入330并确认；向右引导光标，输入270并确认；向下引导光标，输入360并确认；向右引导光标，输入1370并确认；向上引导光标，输入2480并确认；向左引导光标，输入1370并确认；向下引导光标，输入370并确认；向左引导光标，输入270并确认；向上引导光标，输入370并确认；向左引导光标，输入2660并确认；向下引导光标，输入1500并确认，如图8-7所示。

步骤 08 向左引导光标，输入140并确认；向上引导光标，输入170并确认；向左引导光标，输入110并确认；向上引导光标，输入240并确认；向右引导光标，输入100并确认；向上引导光标，输入1950并确认；向右引导光标，输入150并确认；向下引导光标，输入670并确认；向右引导光标，输入2660并确认；向上引导光标，输入600并确认；向上引导光标，输入860并确认；向上引导光标，输入100并确认，如图8-8所示。

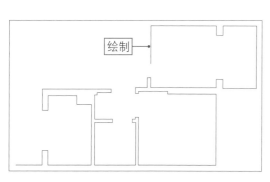

图8-7 绘制结构图5

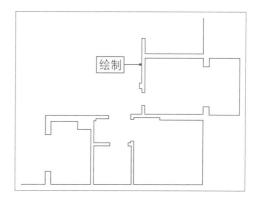

图8-8 绘制结构图6

步骤 09 向左引导光标，输入2660并确认；向下引导光标，输入130并确认；向左引导光标，输入150并确认；向上引导光标，输入270并确认；向右引导光标，输入2810并确认；向上引导光标，输入3230并确认；向上引导光标，输入290并确认；向右引导光标，输入160，按两次【Enter】键确认，如图8-9所示。

步骤 10 重复执行L（直线）命令，拾取长度为3230的垂直直线上方的端点，向左引导光标，输入2430并确认；向左引导光标，输入1410并确认；向下引导光标，输入6210，按两次【Enter】键确认，如图8-10所示。

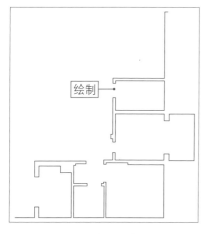

图8-9 绘制结构图7

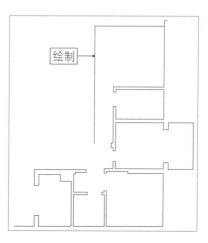

图8-10 绘制结构图8

步骤11 执行O（偏移）命令，将长度为2430的直线向上偏移870；执行L（直线）命令，偏移的直线在左侧绘制一条垂直直线，如图8-11所示。

步骤12 执行L（直线）命令，在长度为160直线的上方绘制一直垂直直线；执行F（直角）命令，拾取水平直线与垂直直线，创建直角，如图8-12所示。

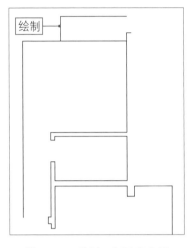

图 8-11　绘制一条垂直直线

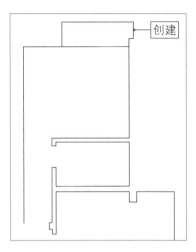

图 8-12　创建直角

步骤13 按【Delete】键，删除长度为2430的直线，留下窗台区域，如图8-13所示。

步骤14 执行L（直线）命令，拾取长度为6210的直线下方的端点，向右引导光标，输入90并确认；向下引导光标，输入240，按两次【Enter】键确认，如图8-14所示。

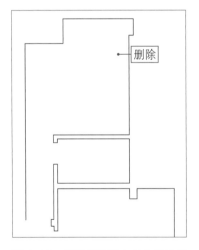

图 8-13　删除长度为 2430 的直线

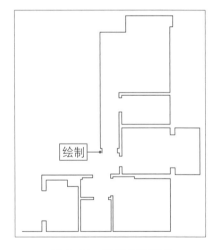

图 8-14　绘制结构图 9

步骤15 执行L（直线）命令，拾取第一步中开始绘制的长度为970直线的左侧端点作为第一点；向左引导光标，输入3000并确认；向上引导光标，输入7870并确认；向右引导光标，输入740并确认；向上引导光标，输入270并确认；向左引导光标，输入260并确认；向上引导光标，输入1750并确认；向右引导光标，输入6600并确认；向下引导光标，输入1750并确认，如图8-15所示。

步骤16 执行O（偏移）命令，将上一步绘制的长度为270的垂直直线向右偏移3000；
执行L（直线）命令，拾取偏移直线上方的端点，向右引导光标，输入1010并确认；向右
引导光标，输入1810并确认；然后在右侧垂直直线的端点上单击，如图8-16所示。

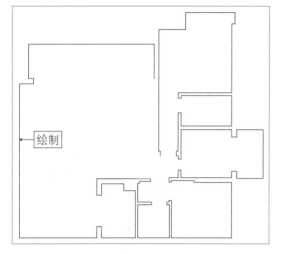

图 8-15　绘制结构图 10

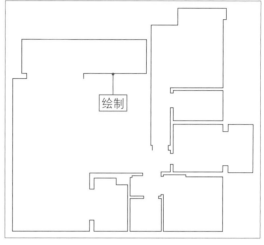

图 8-16　绘制结构图 11

步骤17 执行L（直线）命令，拾取上一步偏移直线下方的端点，向右引导光标，输
入330并确认；向下引导光标，输入3680并确认；向右引导光标，输入330并确认；向上引
导光标，输入230并确认；向左引导光标，输入100并确认；向上引导光标，输入3450并确
认；向右引导光标，输入450并确认，如图8-17所示。

步骤18 向右引导光标，输入1810并确认；向右引导光标，输入520并确认；向下引导
光标，输入3450并确认；向左引导光标，输入1780并确认；向下引导光标，输入230并确认；
向右引导光标，在合适的端点上单击，此时室内内墙绘制完成，如图8-18所示。

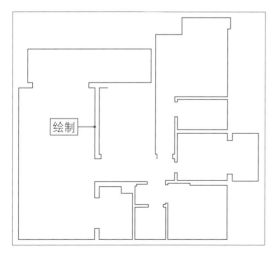

图 8-17　绘制结构图 12

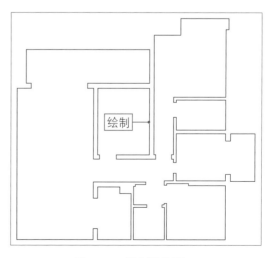

图 8-18　绘制结构图 13

AutoCAD 2022
室内设计

8.1.2 绘制结构图的外墙与窗户

扫码看教程 ▶

下面介绍通过BO（边界）命令快速创建原始结构图外墙和窗户的方法，具体操作步骤如下。

步骤01 执行BO（边界）命令，弹出"边界创建"对话框，单击"拾取点"按钮，在结构图内部单击，按空格键确认，即可创建边界对象。执行O（偏移）命令，将刚才创建的边界对象往外偏移240，这是墙体厚度，如图8-19所示。

步骤02 删除上一步创建的边界对象，然后对图形进行适当修改，将门洞和窗台线画出来，修剪、删除及合并多余的线条，图纸效果如图8-20所示。

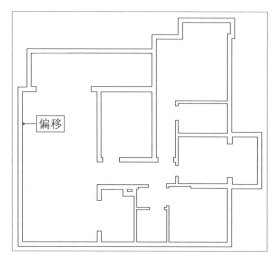

图 8-19　**绘制原始结构图外墙**

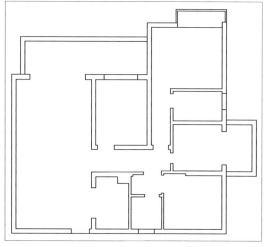

图 8-20　**对图形进行适当修改**

步骤03 下面修改窗台线的颜色。选择相应的线条，在"默认"选项卡的"特性"面板中，单击"对象颜色"下拉按钮，在弹出的下拉列表中选择蓝色，将窗台线的颜色更改为蓝色，如图8-21所示。

步骤04 下面绘制窗户。执行O（偏移）命令，将窗户部分的线条向外偏移80，偏移两次；用同样的操作方法，对其他的窗户部分进行偏移操作。用户还可以使用"复制"命令复制线条，并完善窗户图形，效果如图8-22所示。

步骤05 在"默认"选项卡的"特性"面板中，将窗户最里面和最外面的线条颜色修改为灰色（参数值为253），可以使用MA（格式刷）命令进行操作，效果如图8-23所示。

步骤06 在"图层特性管理器"面板中，将"线宽"修改为默认线宽，然后使用"修剪"与"拉伸"命令完善图形，效果如图8-24所示。

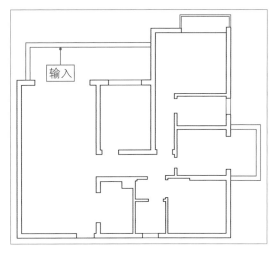

图 8-21　修改窗台线的颜色

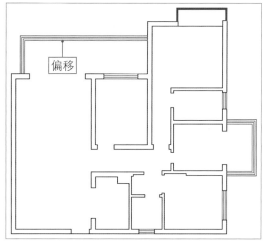

图 8-22　绘制窗户

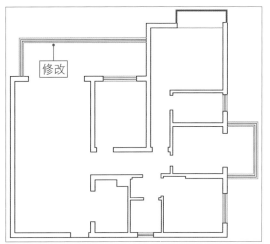

图 8-23　更改窗户的线条颜色

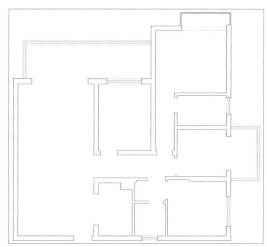

图 8-24　将"线宽"修改为默认线宽

8.1.3　绘制强弱电、烟道、水管等

扫码看教程▶

下面讲解绘制强弱电、空调外机、烟道及水管等图形的方法，具体操作步骤如下。

步骤 01　执行REC（矩形）命令，然后输入TK（追踪）命令并确认，在图形左下角拾取相应的端点，向左引导光标，输入530，按两次【Enter】键确认，指定矩形的起点，向左下方引导光标，输入410，按【Tab】键，输入120，按【Enter】键确认，绘制一个矩形；执行L（直线）命令，绘制一根斜线，这就是强电箱，如图8-25所示。

步骤 02　执行REC（矩形）命令，然后输入TK（追踪）命令并确认，在图形左下角拾取相应的端点，向左引导光标，输入1210，按两次【Enter】键确认，指定矩形的起点，向左下方引导光标，输入330，按【Tab】键，输入120，按【Enter】键确认，绘制一个矩形；执行X（分解）命令，对矩形进行分解；执行CO（复制）命令，将下方的直线复制两根到中间位置；执行H（图案填充）命令，对图形进行填充（填充颜色为253），如图8-26所示。

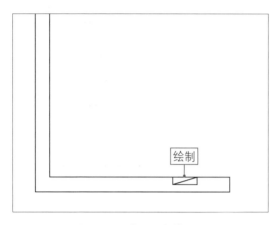

图 8-25　绘制强电箱图形

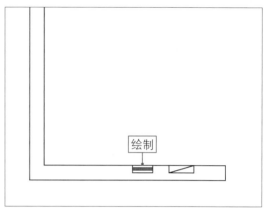

图 8-26　绘制弱电箱图形

步骤03 选择强电箱图形，执行B（块）命令，弹出"块定义"对话框，在其中设置"名称""基点""对象"等信息，单击"确定"按钮，将强电箱图形定义成块，方便以后调用。用同样的方法，将弱电箱图形也定义成块对象，方便以后调用。

步骤04 接下来绘制空调外机。框选图形左上角的窗户线条，执行X（分解）命令分解图形；执行EX（延伸）命令，延伸相应的线段；执行TR（修剪）命令，修剪并删除相应的图形，效果如图8-27所示。

步骤05 执行O（偏移）命令，将垂直直线向左偏移150；执行L（直线）命令，绘制相应的直线，执行TR（修剪）命令，修剪相应的图形，并将空调外机的线条颜色修改为深灰色（填充颜色为251），效果如图8-28所示。

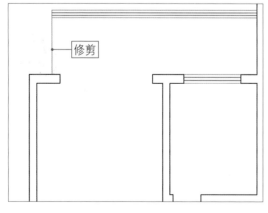

图 8-27　修剪相应的图形

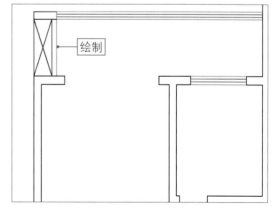

图 8-28　绘制空调外机位置

步骤06 用与上面相同的方法，在图纸上绘制其他的空调外机，效果如图8-29所示。

步骤07 接下来绘制烟道。执行F（倒角）命令，倒角图形；执行L（直线）命令，绘制直线，创建一个中空的图形，用来表示烟道，如图8-30所示。

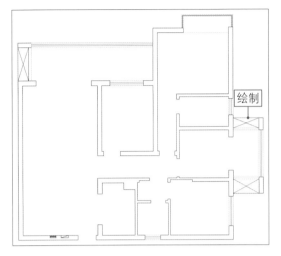

图 8-29 绘制其他空调外机

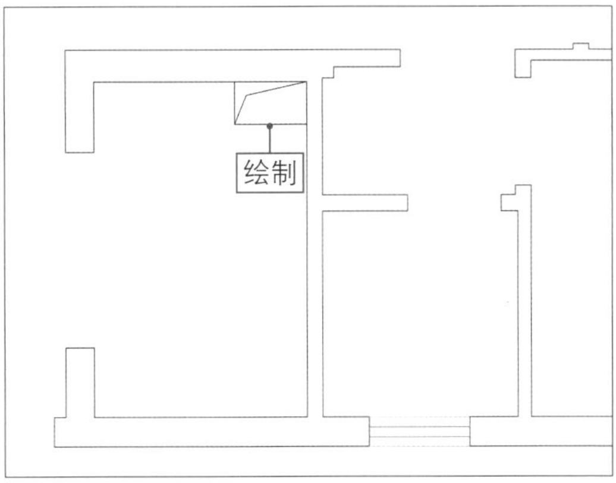

图 8-30 创建一个中空的图形

步骤08 接下来绘制上下水管。执行REC（矩形）命令，绘制一个200×200的矩形；执行C（圆）命令，在矩形内绘制一个半径为55的圆；执行L（直线）命令，绘制两条交叉的直线；执行RO（旋转）命令，将图形旋转45°，效果如图8-31所示。

步骤09 执行B（块）命令，将上下水管图形定义成块。执行CO（复制）命令，将上下水管图形复制到室内结构图的其他位置，并适当调整图形的大小，效果如图8-32所示。

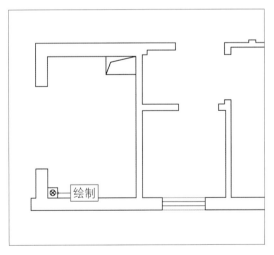

图 8-31 绘制上下水管

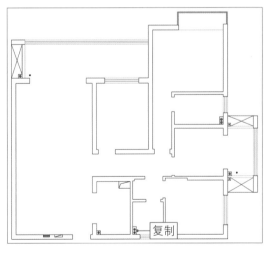

图 8-32 复制水管图形

步骤10 接下来绘制门洞线。执行L（直线）命令，绘制门洞线，然后将线条颜色修改为灰色（填充颜色为253），效果如图8-33所示。

步骤11 接下来绘制梁。执行L（直线）命令，绘制一条直线；执行O（偏移）命令，将直线偏移230；将梁的"线型"修改为虚线，将"全局比例因子"修改为2。用同样的方法，在结构图的其他位置绘制梁，效果如图8-34所示。

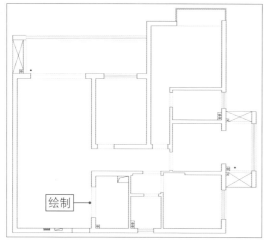

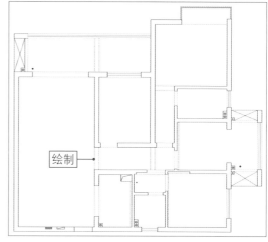

图 8-33　绘制门洞线　　　　　　　　　　　图 8-34　绘制梁

8.1.4　创建与管理室内结构图的图层

扫码看教程▶

在绘制室内平面设计图时，图层的作用有很多，它可以方便规范与管理图纸，可以统一修改图层中的物体属性，可以在布局中使用，还可以显示或隐藏相应的图形对象。下面介绍创建与管理图层对象的操作方法。

步骤01 执行LA（图层）命令，打开"图层特性管理器"面板。单击"新建图层"按钮，依次新建"P-墙体"图层、"P-梁"图层、"P-水管"图层、"P-包管"图层、"P-设备"图层，如图8-35所示。

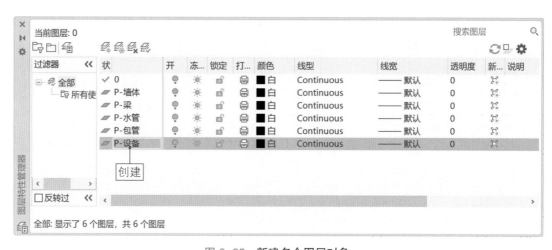

图 8-35　新建多个图层对象

步骤02 单击"P-梁"图层的"颜色"列，在弹出的对话框中设置"颜色"为红色；单击"线型"列，在弹出的对话框中设置"线型"为ACAD_ISO02W100，设置完成后如图8-36所示。

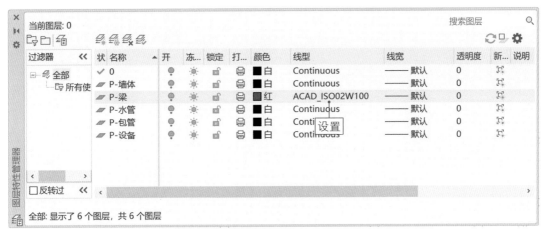

图 8-36　设置颜色与线型

步骤03 关闭"图层特性管理器"面板，在绘图区中选择所有的梁图形，使其呈选中状态，如图8-37所示。

步骤04 在"默认"选项卡的"图层"面板中，单击"图层"右侧的下拉按钮，在弹出的下拉列表中选择"P-梁"选项，即可将所有的梁图形移至"P-梁"图层，线型自动变成了红色虚线，效果如图8-38所示。

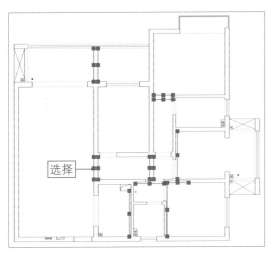

图 8-37　选择所有的梁图形

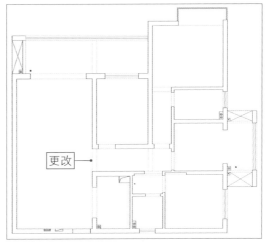

图 8-38　将梁图形移至"P-梁"图层

步骤05 用与上面相同的方法，将墙体、水管、设备等图形移至相应的图层中，并设置相应的颜色与线型。对于不太好区分的图形（比如门洞等），可以新建一个"P-其他"图层，将其放进"P-其他"图层中，完成图层的创建。图纸效果如图8-39所示。

室内平面图案例实战

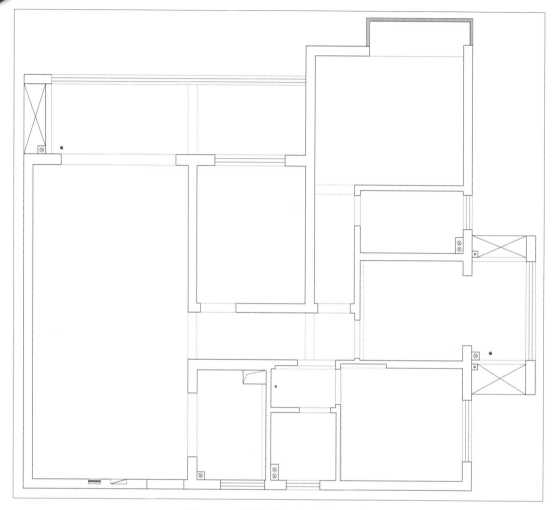

图 8-39　将图形移至相应的图层中

8.1.5 在布局空间中绘制标注

扫码看教程▶

下面讲解在布局空间中创建视口、标注尺寸及修改线型的方法，具体步骤如下。

步骤01 按【Ctrl+O】组合键，打开一幅素材图形（资源\素材\第8章\图框素材.dwg）；在"布局1"空间中对图框进行复制，然后粘贴至原始结构图的"布局1"空间中。将"布局1"空间的图纸背景修改为白色，执行MV（创建视口）命令，在图框中绘制一个矩形视口，用来显示"模型"空间中的图纸内容，如图8-40所示。

步骤02 显示菜单栏，选择"工具"｜"工具栏"｜AutoCAD｜"视口"命令，打开"视口"工具栏。选择创建的视口，在"视口"工具栏中修改视口的显示比例为1:65，此时的图纸效果如图8-41所示。在视口上单击鼠标右键，在弹出的快捷菜单中选择"显示锁定"｜"是"命令，即可锁定视口。

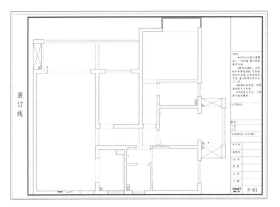

图 8-40　绘制一个矩形视口

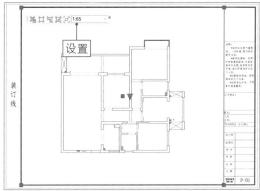

图 8-41　修改视口的显示比例

步骤03 执行LA（图层）命令，打开"图层特性管理器"面板。新建"S-视口"图层，设置为不可打印，然后将上一步创建的视口放入该图层中；将"P-梁"图层的线型修改为默认的直线线型；新建"B-标注"图层、"B-标注图例"图层、"B-文字"图层，然后将"B-标注"图层置为当前图层，如图8-42所示。

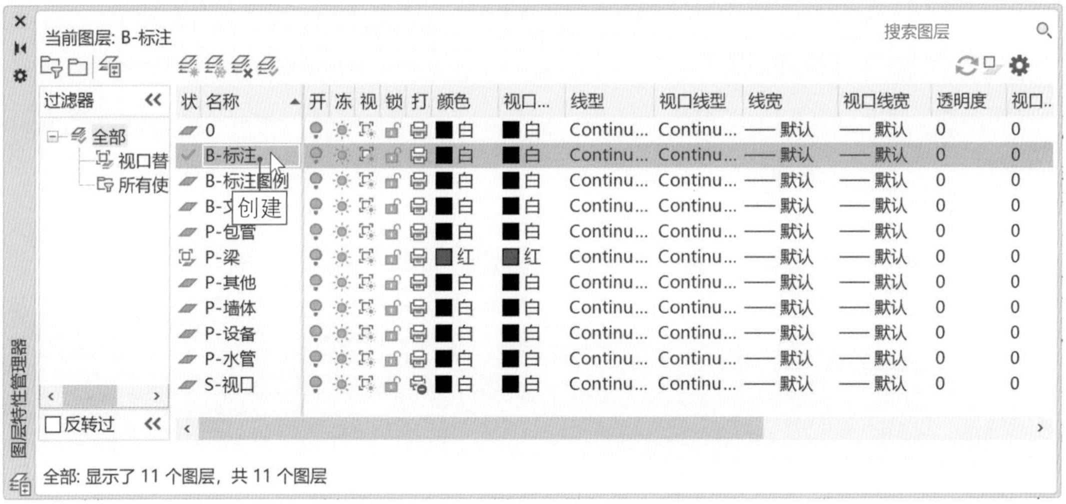

图 8-42　将"B-标注"图层置为当前图层

步骤04 执行XL（构造线）命令，绘制相应的垂直构造线；执行REC（矩形）命令，在构造线上绘制一个矩形；执行TR（修剪）命令，修剪矩形外的多余线条，然后删除矩形，留下矩形内的线段；执行QDIM（快速标注）命令，对图形进行尺寸标注，然后删除构造线，尺寸标注的效果如图8-43所示。

步骤05 执行D（标注样式）命令，打开"标注样式管理器"对话框，将ISO-25的名称修改为"布局-65"。单击"修改"按钮，弹出"修改标注样式"对话框，切换至"主单位"选项卡，设置"精度"为0、"比例因子"为65；切换至"文字"选项卡，设置"文字颜色"为"红"、"文字高度"为2.5、"垂直"为"外部"；切换至"符号和箭头"选项卡,设置"第一个"和"第二个"均为"建筑标记"、"箭头大小"为1;切换至"线"选项卡,设置"超出标记"为0.5、"超出尺寸线"为0.5、"起点偏移量"为0、"长度"为3,设置完成后,单击"确定"和"关闭"按钮,返回布局空间。设置的标注样式效果如图8-44所示。

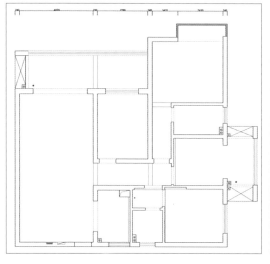

图 8-43　创建图形尺寸标注　　　　　图 8-44　设置图形标注样式的效果

步骤 06 在"默认"选项卡的"注释"面板中,单击"线性"按钮,在图形上方标注一个总尺寸,如图8-45所示。

步骤 07 用与上面相同的方法,使用XL(构造线)命令、REC(矩形)命令、TR(修剪)命令、QDIM(快速标注)命令及"线性"按钮,创建其他的尺寸标注,效果如图8-46所示。

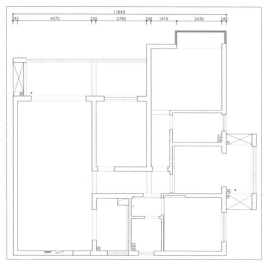

图 8-45　标注一个总尺寸

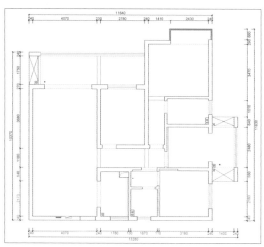

图 8-46　标注图形的其他尺寸

步骤 08 接下来修改梁的线条样式。梁是虚线，但布局空间显示的是实线。返回模型空间，在"图层特性管理器"面板中将梁的线型修改为ACAD_ISO03W100。在绘图区中选择一根梁，按【Ctrl+1】组合键，打开"特性"面板，将"线型比例"修改为5，此时虚线变大了。执行PSL（当前值）命令，根据命令行提示进行操作，输入0并确认；执行LTS（线型比例因子）命令，命令行提示线型比例因子为2，按空格键确认；执行RE（刷新）命令，此时布局空间中梁的线型就变为虚线了，如图8-47所示。

步骤 09 执行MA（格式刷）命令，将其他的梁线条更改为虚线样式，效果如图8-48所示。至此，完成图纸布局空间的操作。

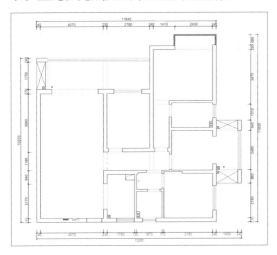

图 8-47 将梁的线型修改为虚线

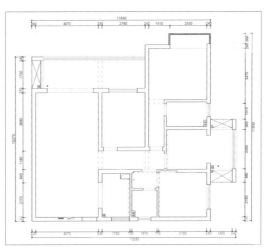

图 8-48 将其他的梁线条更改为虚线

8.2 绘制室内家具布置图

当绘制好室内原始结构图之后，接下来需要绘制室内家具布置图，这样图纸看上去才更有家的感觉。本节主要讲解室内家具布置图的绘制技巧，希望读者熟练掌握本节内容。

8.2.1 餐厅、客厅及厨房布置图 ....

扫码看教程▶

下面主要讲解餐厅、客厅及厨房布置图的绘制技巧，应该如何布置才能让图纸显得好看、舒服和方便，这业主来说很重要，具体布置与绘图操作步骤如下。

步骤 01 执行CO（复制）命令，在模型空间中复制一份相同的室内原始结构图，然后隐藏"P-梁"图层。首先绘制鞋柜和酒柜，执行L（直线）命令，绘制一条水平直线和一条垂直直线，将餐厅隔出来，如图8-49所示。

步骤 02 执行O（偏移）命令，将垂直直线向左偏移350（一般鞋柜的厚度是350mm）；执行M（移动）命令，将两条垂直直线向左移动100，如图8-50所示。

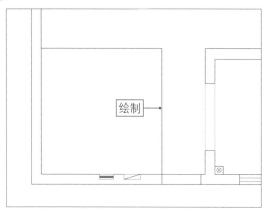

图 8-49 绘制一条水平直线和一条垂直直线

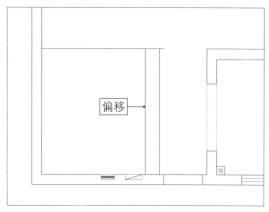

图 8-50 将两条垂直直线向左移动

步骤03 执行O（偏移）命令，将下方的直线向上偏移900，这是鞋柜的宽度；执行F（倒角）命令，对鞋柜图形进行倒角处理；执行BO（边界）命令，在鞋柜内创建一个边界矩形；执行O（偏移）命令，将矩形向内偏移20，这是鞋柜层板的厚度；执行L（直线）命令，画两条交叉线，表示鞋柜做到顶，效果如图8-51所示。

步骤04 接下来绘制酒柜。执行O（偏移）命令，将下方的直线向上偏移300，这是酒柜的宽度；执行TR（修剪）命令，修剪多余的线条；执行BO（边界）命令，在酒柜内创建一个边界矩形；执行O（偏移）命令，将矩形向内偏移20，这是酒柜层板的厚度；执行L（直线）命令，绘制相应的直线，酒柜效果如图8-52所示。

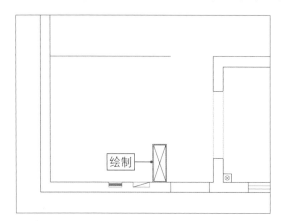

图 8-51 绘制鞋柜

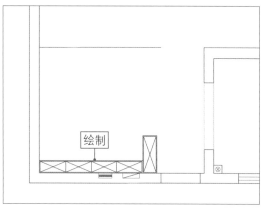

图 8-52 绘制酒柜

步骤05 接下来绘制餐厅其他角落的柜子。执行L（直线）命令，绘制相应的直线；执行O（偏移）命令，将直线向下偏移200；执行TR（修剪）命令，修剪多余的线条；执行CO（复制）命令，将矩形向左复制到合适的位置；执行L（直线）命令，绘制交叉线，如图8-53所示。

步骤06 接下来绘制餐厅柜子旁的隔板，用来将餐厅与客厅隔开。执行REC（矩形）命令，绘制一个40×25的小矩形；执行CO（复制）命令，进行复制操作，效果如图8-54

所示。

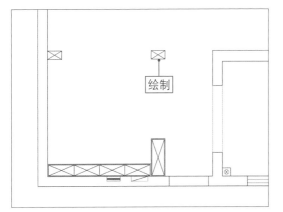

图 8-53　绘制餐厅其他角落的柜子

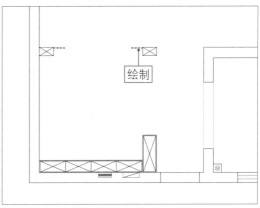

图 8-54　绘制餐厅柜子旁的隔板

步骤 07 按【Ctrl+O】组合键，打开一幅素材图形（资源\素材\第8章\餐桌沙发.dwg），将餐桌、组合沙发及电视等图形复制粘贴至室内结构图中，效果如图8-55所示。

步骤 08 执行REC（矩形）命令，在餐厅与客厅之间绘制一个装饰柜，矩形大小为250×900；执行C（圆）命令和L（直线）命令，在装饰柜上绘制一个小摆件；执行O（偏移）和L（直线）命令，在电视机前面绘制相应的直线，作为电视背景墙，如图8-56所示。

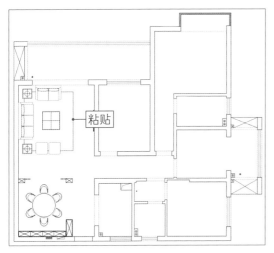

图 8-55　复制粘贴素材图形

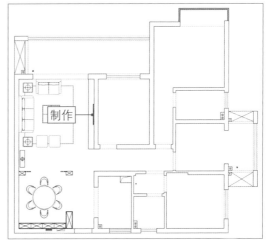

图 8-56　绘制装饰柜与电视背景墙

步骤 09 接下来对厨房进行布置，首先绘制台面。执行L（直线）命令，绘制一条垂直直线；执行O（偏移）命令，将下方的直线向上偏移600；执行EX（延伸）命令，延伸线条；执行S（拉伸）命令，将门洞向上拉伸100；执行F（倒角）命令，对台面进行倒角处理，图形效果如图8-57所示。

步骤 10 按【Ctrl+O】组合键，打开一幅素材图形（资源\素材\第8章\厨房布置.dwg），将冰箱、煤气灶、洗菜盆等图形复制粘贴至厨房结构图中，效果如图8-58所示。

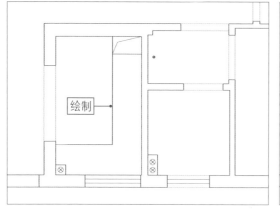

图 8-57　绘制厨房的台面

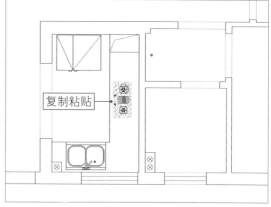

图 8-58　复制粘贴冰箱、煤气灶等图形

步骤11 接下来绘制厨房的吊柜。执行L（直线）命令，绘制相应的直线；执行O（偏移）命令，将右侧的直线向左偏移350（一般吊柜的厚度是350mm）；再次执行O（偏移）命令，将直线向下偏移527；执行TR（修剪）命令，修剪多余的线条，如图8-59所示。

步骤12 执行L（直线）命令，绘制多条交叉的直线，表示柜子做到顶，如图8-60所示。至此，餐厅、客厅及厨房布置完成。

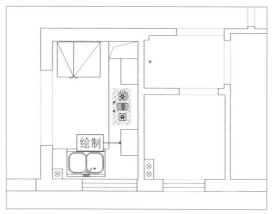

图 8-59　绘制厨房的吊柜

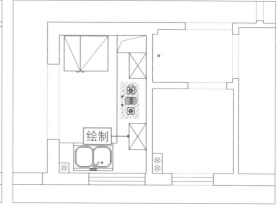

图 8-60　绘制多条交叉的直线

8.2.2　阳台、卧室及卫生间布置图

扫码看教程▶

下面主要讲解阳台、卧室、及卫生间布置图的绘制方法，具体操作步骤如下。

步骤01 执行L（直线）命令，在梁的位置绘制两条垂直直线，表示阳台区域的一堵墙；执行O（偏移）命令，将下方的直线向上偏移900；执行TR（修剪）命令，修剪多余的线条；结合使用L（直线）、O（偏移）和TR（修剪）命令，绘制一扇推拉门，如图8-61所示。

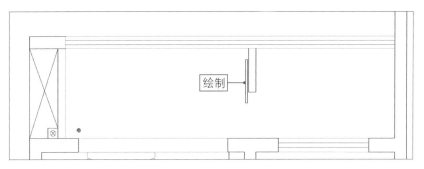

图 8-61　绘制一扇推拉门

步骤02 执行O（偏移）命令，将右侧的直线向左偏移600，绘制洗衣机的台面；执行REC（矩形）命令，在台面上绘制一个450×500的矩形，再绘制一个长条矩形，并进行阵列复制操作，如图8-62所示。

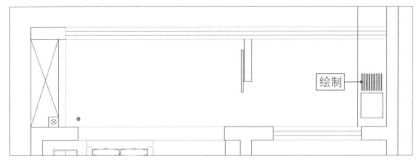

图 8-62　绘制洗衣机的台面

步骤03 按【Ctrl+O】组合键，打开一幅素材图形（资源\素材\第8章\阳台素材.dwg），将阳台中的洗衣机、吊椅和绿植等素材复制到室内结构图中；执行TR（修剪）命令，修剪多余的线条，效果如图8-63所示。至此，阳台就布置完成了。

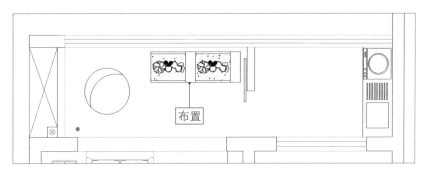

图 8-63　阳台区域布置完成

步骤04 将"P-墙体"图层置为当前图层，执行L（直线）命令，在第一张结构图中绘制相应的门洞线，并把承重墙的区域隔出来，结构图如图8-64所示。

步骤05 执行LA（图层）命令，新建"Y-填充"图层，并将其置为当前图层；执行H（图案填充）命令，为承重墙填充253的灰色，如图8-65所示。

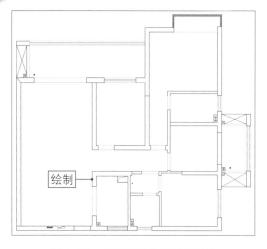

图 8-64　把承重墙的区域隔出来

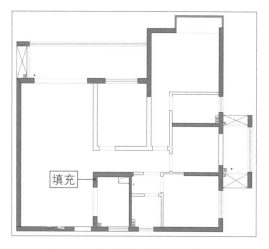

图 8-65　为承重墙填充 253 的灰色

步骤06 执行CO（复制）命令，将结构图中绘制的承重墙线条和填充区域复制粘贴到家具布置图中，效果如图8-66所示。

步骤07 接下来修改衣帽间的结构图。通过EX（延伸）命令，将下方的墙体封起来，然后在上方主卧区域重新绘制一个门洞。执行O（偏移）命令偏移线条；执行TR（修剪）命令，修剪多余的线条；执行LA（图层）命令，新建"P-门"图层，并将其置为当前图层；使用REC（矩形）和A（圆弧）命令绘制衣帽间的门，如图8-67所示。

图 8-66　复制粘贴承重墙线条和填充区域

图 8-67　修改衣帽间的结构图

步骤08 用与上面相同的方法，通过REC（矩形）、A（圆弧）、O（偏移）及TR（修剪）命令，在室内结构图中绘制其他的门对象，效果如图8-68所示。

步骤09 接下来布置卧室和衣帽间，首先绘制卧室的衣柜。新建"P-固定家具"图层，并将其置为当前图层；执行O（偏移）命令，将直线向上偏移600；执行L（直线）和O（偏移）命令，绘制次卧的衣柜，效果如图8-69所示。

图 8-68　绘制其他的门对象

图 8-69　绘制卧室的衣柜

步骤10 按【Ctrl+O】组合键，打开一幅素材图形（资源\素材\第8章\次卧床.dwg），将素材复制到次卧中，效果如图8-70所示。

步骤11 按【Ctrl+O】组合键，打开一幅素材图形（资源\素材\第8章\卫生间1.dwg），将素材复制到卫生间中，并完善其他图形，效果如图8-71所示。

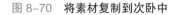

图 8-70　将素材复制到次卧中

图 8-71　将素材复制到卫生间中

步骤12 参照与上面相同的方法，对主卧、主卧卫生间、衣帽间、小阳台及儿童房进行布置，方法基本上大同小异，这里不再重复讲解，家具布置图的最终效果如图8-72所示。将相应的图形移至相应的图层中，具体可以查看视频教学。

步骤13 进入布局空间，复制原始室内结构图，得到第二张图纸。第二张图纸是平面布置图，此时取消锁定视口，向左移动显示平面布置图，效果如图8-73所示。

图 8-72　家具布置图的最终效果

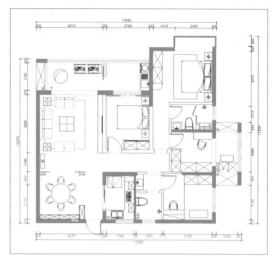

图 8-73　在布局空间创建平面布置图

8.3　绘制拆砌墙、地面铺贴图

在绘制室内家具布置图的过程中，有些墙体会被拆掉，并且会新建一些墙体，此时需要制作拆砌墙图纸，还需要制作地面铺贴图纸，本节主要讲解拆砌墙和地面铺贴图具体的绘制方法。

8.3.1　新建墙体与拆除墙体

扫码看教程 ▶

下面介绍新建墙体与拆除墙体的方法，具体操作步骤如下。

步骤01 进入模型空间，新建"X-新建墙体"和"X-拆除墙体"图层，将"X-新建墙体"置为当前图层，隐藏"P-梁"图层、"P-固定家具"图层及"P-门"图层；对室内原始结构图和家具布置图进行复制操作，将复制后的图纸分别创建成图块，然后更改为不同的颜色，如图8-74所示。

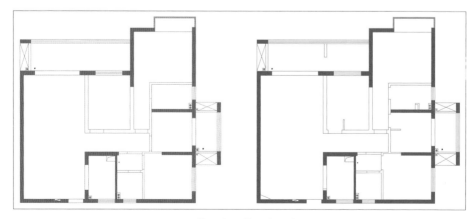

图 8-74　第三张和第四张室内结构图

步骤02 执行M（移动）命令，将玫红色的图纸移至家具布置图上，然后在图块上单击鼠标右键，在弹出的快捷菜单中选择"绘图次序"|"前置"命令，如图8-75所示。

步骤03 执行操作后，即可将玫红色的图纸移至最上方，而图纸中显示出来的一些黑色墙体，就是在布置家具过程中新建的墙体，如图8-76所示。

图 8-75　选择"前置"命令

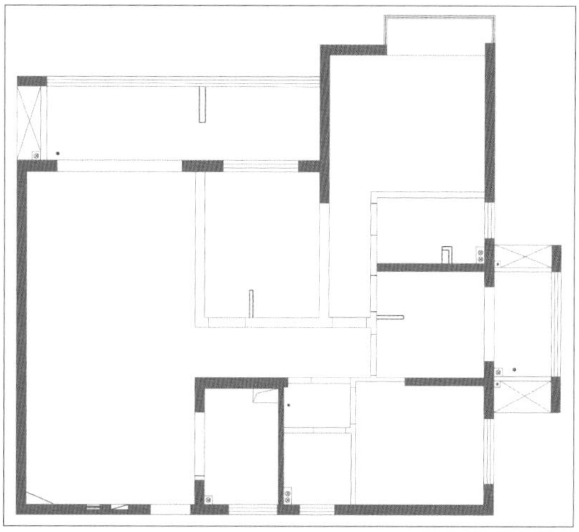

图 8-76　将玫红色的图纸移至最上方

步骤04 执行REC（矩形）命令，在这些黑色的墙体上绘制相应的矩形。将矩形的颜色更改为红色，将"绘图次序"设置为"前置"，表示其为新建的墙体，如图8-77所示。然后将玫红色的墙体删除。

步骤05 执行M（移动）命令，将红色的图纸移至原始的室内结构图上，将"X-拆除墙体"图层置为当前图层。然后执行REC（矩形）命令，将需要拆除的墙体绘制出来，并删除红色的图纸，图纸上显示的红色矩形表示需要拆除的墙体，如图8-78所示。

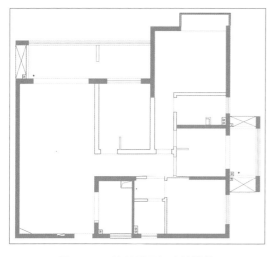

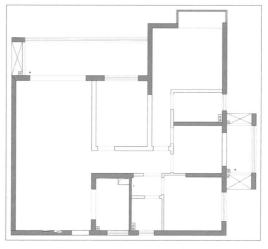

图 8-77　绘制需要新建的墙体

图 8-78　绘制需要拆除的墙体

步骤06 进入布局空间，复制前面的两张图纸，得到两张新图纸，并分别在这两张新图纸下方创建单行文字"拆除墙体图"和"新建墙体图"。然后给要拆除的墙体区域填充图案。执行"线性"命令，为需要拆除的墙体标注尺寸，如图8-79所示。

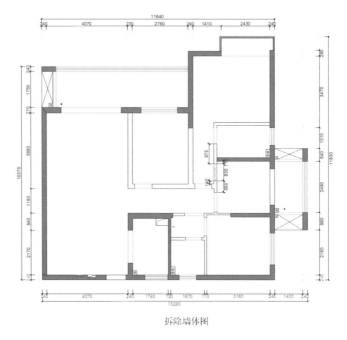

拆除墙体图

图 8-79 标注需要拆除的墙体

步骤07 用与上面相同的方法，为新建墙体区域填充图案；执行"线性"命令，为新建的墙体标注尺寸，如图8-80所示。

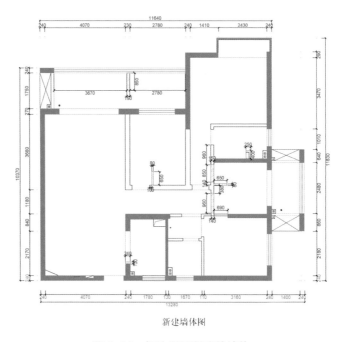

新建墙体图

图 8-80 标注需要新建的墙体

步骤08 现在布局空间中一共有4张图纸，执行LAYON（显示所有图层）命令，显示所有图层对象；然后在图纸上双击进入相应的图纸视口，隐藏相应的图层对象，4张图纸的最终效果如图8-81所示。

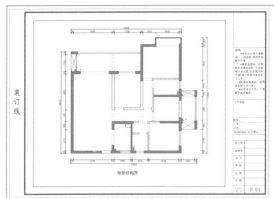

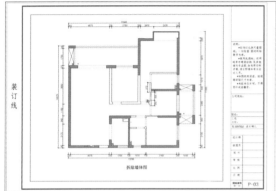
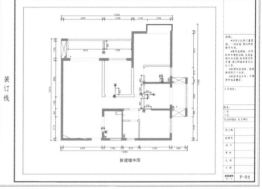

图 8-81　4 张图纸的最终效果

8.3.2　为餐厅、客厅和卧室等区域铺砖

扫码看教程▶

下面介绍为餐厅、走廊、厨房、客厅和卧室等区域铺砖的方法，具体操作步骤如下。

步骤01 在模型空间中隐藏相应的图层，对图层进行管理，只显示原始结构图，以及相应的家具图形，如图8-82所示。

步骤02 新建"D-门洞线"和"D-地面铺贴"图层，并将"D-门洞线"图层置为当前图层；执行L（直线）命令，将门洞线补起来，将门洞线的颜色修改为253，如图8-83所示。

步骤03 首先为餐厅铺瓷砖。将"D-地面铺贴"图层置为当前图层，执行C（圆）命令，拾取圆桌的圆心，绘制一个半径为800的圆，如图8-84所示。

步骤04 执行POL（多边形）命令，输入4并确认，拾取大圆的圆心，在弹出的下拉列表中选择"外切于圆"选项，在圆右侧的象限点上单击，绘制一个四边形，如图8-85所示。

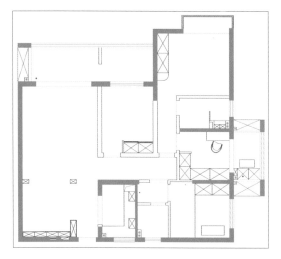

图 8-82　显示原始结构图和部分家具图形

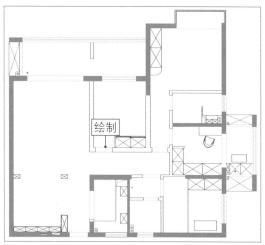

图 8-83　新建图层将门洞线补起来

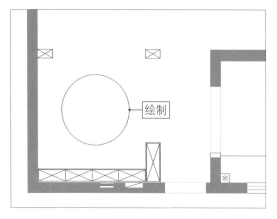

图 8-84　绘制一个半径为 800 的圆

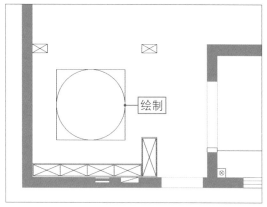

图 8-85　绘制一个四边形

步骤 05 执行O（偏移）命令，将四边形向外偏移200，然后删除里面的四边形，如图8-86所示。

步骤 06 执行O（偏移）命令，将四边形向内偏移100，如图8-87所示。

步骤 07 按【Ctrl+O】组合键，打开一幅素材图形（资源\素材\第8章\地面拼花1.dwg），将地面拼花素材复制并粘贴至大圆中，然后将其移至"D-地面铺贴"图层中。执行B（创建块）命令，将地面拼花创建成块，如图8-88所示。

步骤 08 执行M（移动）命令，将地面拼花移至大圆左侧边上；执行SC（缩放）命令，对地面拼花进行缩放，效果如图8-89所示。

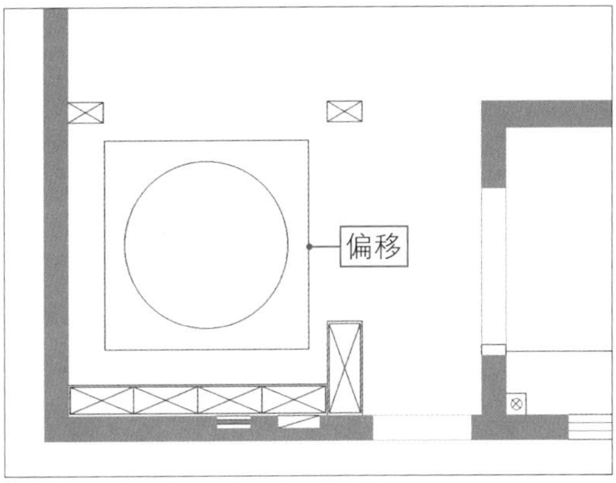

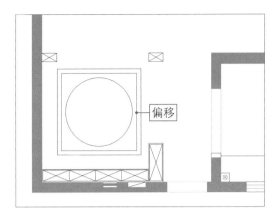

图 8-86　将四边形向外偏移 200

图 8-87　将四边形向内偏移 100

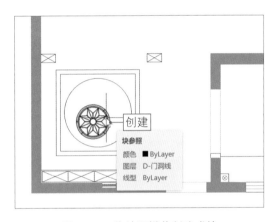

图 8-88　将地面拼花创建成块

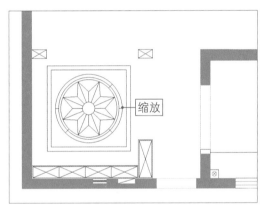

图 8-89　对地面拼花进行缩放

步骤09 执行L（直线）命令，绘制两条直线；执行TR（修剪）命令，修剪多余的线条，表示四块砖拼在一起，如图8-90所示。

步骤10 接下来填充波导线。执行H（图案填充）命令，为波导线区域填充AR-CONC图案，设置"填充图案比例"为1，将波导线的线条颜色修改为252，效果如图8-91所示。

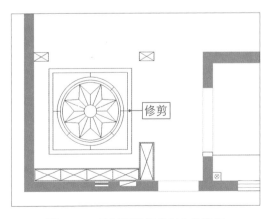

图 8-90　绘制直线修剪多余的线条

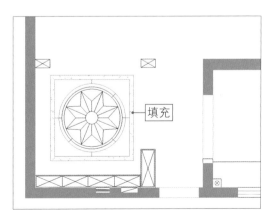

图 8-91　填充波导线并设置线条颜色

室内平面图案例实战

步骤 11 执行L（直线）命令，在餐厅的右侧绘制一条水平线与一条垂直线，将线条颜色修改为252，将走廊隔出来，如图8-92所示。

步骤 12 执行BO（边界）命令，在走廊区域创建一个边界矩形；执行O（偏移）命令，将边界矩形往内偏移185，将偏移后的矩形再往外偏移85，里面是铺砖的区域，中间和外侧则是波导线的区域，如图8-93所示。

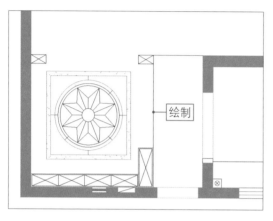

图 8-92 将走廊隔出来

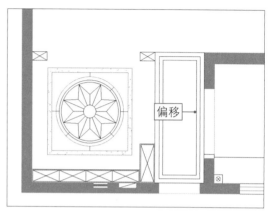

图 8-93 创建边界矩形并偏移矩形

步骤 13 执行H（图案填充）命令，设置"图案填充类型"为"用户定义"、"图案填充颜色"为251、"图案填充间距"为800，表示铺贴800的地砖，然后对矩形的上下进行拉伸处理，铺砖效果如图8-94所示。

步骤 14 执行H（图案填充）命令，为最外侧的矩形区域填充AR-SAND图案，为中间区域填充AR-CONC图案，为最里面的地砖区域填充大理石图案，为右侧门槛石也填充大理石图案（用户可以下载"源泉设计"插件，其中有很多图案类型），铺砖效果如图8-95所示。

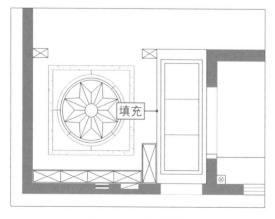

图 8-94 铺砖效果

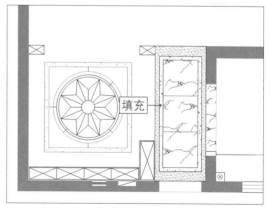

图 8-95 填充图案的铺砖效果

步骤 15 用与上面相同的方法，给厨房铺贴300×300的防滑地砖，在"特性"面板中单击"双向"按钮，以矩形左上角点为原点进行填充，效果如图8-96所示。

步骤16 用与上面相同的方法，给卫生间铺和厨房一样的地砖，效果如图8-97所示。

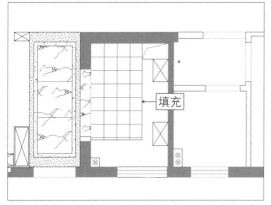

图 8-96　给厨房铺砖

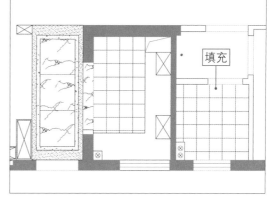

图 8-97　给卫生间铺砖

步骤17 执行L（直线）命令，绘制直线，将餐厅与客厅之间的走廊隔出来，将线条颜色修改为251，如图8-98所示。

步骤18 执行REC（矩形）命令，在走廊区域绘制一个矩形；执行X（分解）命令，分解矩形；执行O（偏移）命令，将4条直线依次向内偏移；执行F（直角）命令，对图形进行直角处理；执行J（组合）命令，将4条直线进行组合；执行O（偏移）命令，将矩形向内偏移100，效果如图8-99所示。

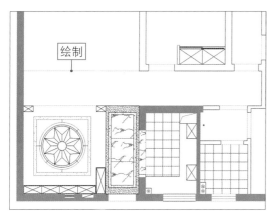

图 8-98　将餐厅与客厅之间的走廊隔出来

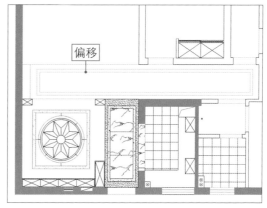

图 8-99　对走廊区域进行相应处理

步骤19 执行H（图案填充）命令，设置"图案填充类型"为"用户定义"、"图案填充颜色"为251、"图案填充角度"为45、"图案填充间距"为500，表示使用大小为500的地砖，然后为走廊铺砖，效果如图8-100所示。

步骤20 用与上面相同的方法，为走廊的其他区域填充相应的图案，也可以使用"匹配特性"功能刷图案格式，效果如图8-101所示。

步骤21 用与上面相同的方法，为平面结构图的其他区域填充相应的图案类型，并完善图纸，地面铺砖效果如图8-102所示。

室内平面图案例实战

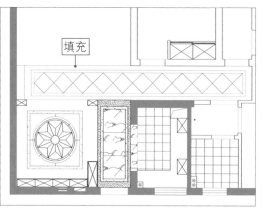

图 8-100 为走廊铺砖

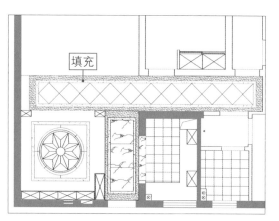

图 8-101 为走廊其他区域填充图案

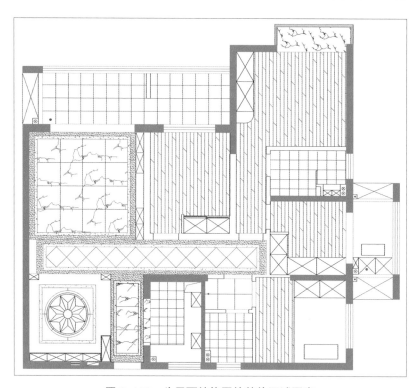

图 8-102 为平面结构图的其他区域图案

8.3.3 在布局空间制作地面铺贴图

扫码看教程▶

当在模型空间将地砖设计完成后，接下来需要在布局空间中制作地面铺贴图，具体操作步骤如下。

步骤 01 显示模型空间中的所有图层，然后进入布局空间。执行CO（复制）命令，复制一张图纸，然后将下方文字修改为"地面铺贴图"，并进入该图纸的视口中。隐藏不需要的图层，只显示地面铺贴效果，如图8-103所示。

图 8-103　制作地面铺贴图

步骤02 在图 8-103 中还有一些门槛石没有填充图案，返回模型空间为其填充图案，然后在图纸上标注相应的引线与文字，为地面铺贴图添加相关说明，最终效果如图 8-104 所示。

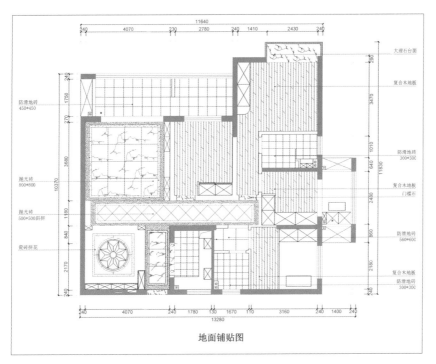

图 8-104　为地面铺贴图添加相关说明

8.4 绘制天花吊顶图

本节主要讲解天花吊顶图的绘制方法。天花吊顶主要包括石膏板吊顶和集成吊顶两种类型，各有优点和缺点，在装饰房屋的时候可根据需要进行操作，希望读者熟练掌握本节内容。

8.4.1 绘制客厅的天花吊顶图

扫码看教程 ▶

首先绘制客厅的天花吊顶图，吊顶款式要时尚、漂亮，具体操作步骤如下。

步骤01 新建"T-天花吊顶"图层，并将该图层置为当前图层，然后隐藏相关图层中的图形，此时室内结构图如图8-105所示。

步骤02 执行REC（矩形）命令，将房间中需要进行天花吊顶的区域画出来，有些区域需要使用PL（多段线）命令进行绘制，将线条颜色修改为252，如图8-106所示。

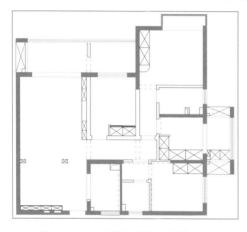

图 8-105　隐藏相关图层中的图形

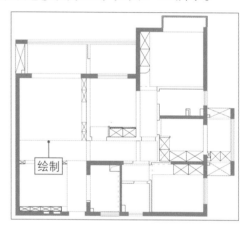

图 8-106　绘制需要吊顶的区域

步骤03 首先做客厅的天花吊顶。执行O（偏移）命令，将矩形向内依次偏移400、80，如图8-107所示。

步骤04 按空格键，重复执行O（偏移）命令，将上一步偏移400和80得到的矩形依次向内偏移10、20；执行L（直线）命令，在4个角画4条连接线，如图8-108所示。

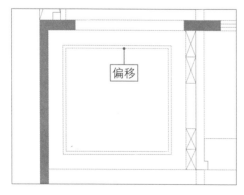

图 8-107　将矩形向内偏移 400 和 80

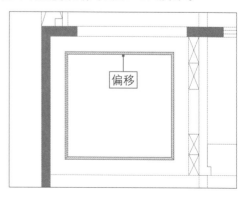

图 8-108　将矩形向内偏移 10 和 20

步骤05 执行O（偏移）命令，将外侧矩形向外偏移50，这里是灯带的位置，将线型修改为虚线，将颜色修改为蓝色，如图8-109所示。

步骤06 执行L（直线）命令，在矩形内绘制一条斜线；执行C（圆）命令，绘制一个圆；执行DCE（圆心标记）命令，绘制一个圆心标记；执行SC（缩放）命令，对图形进行适当缩放；执行B（块）命令，将绘制的灯对象设置成块，如图8-110所示。

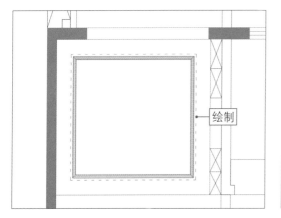

图 8-109 绘制灯带

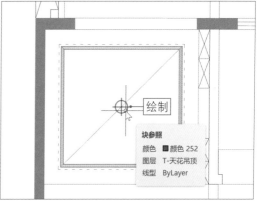

图 8-110 绘制灯图形

步骤07 执行CL（中心线）命令，在左侧绘制一条中心线；执行X（分解）命令，分解中心线；执行EX（延伸）命令，将中心线延伸至两侧，如图8-111所示。

步骤08 执行C（圆）命令，在中心线的中间绘制一个半径为90的圆，表示筒灯；执行DCE（圆心标记）命令，绘制一个圆心标记；执行B（块）命令，将筒灯对象设置成块；执行CO（复制）命令，将筒灯分别向上、向下复制一个，距离为1200，如图8-112所示。

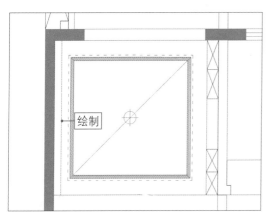

图 8-111 **在左侧绘制一条中心线**

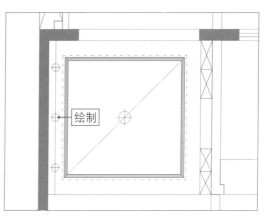

图 8-112 **绘制左侧的筒灯**

步骤09 删除步骤7中绘制的中心线（虚线），执行MI（镜像）、RO（旋转）及CO（复制）命令，将左侧的筒灯复制到天花吊顶的其他位置，效果如图8-113所示，这就是一个简单的天花吊顶。在实际制作过程中，也可以制作相对复杂一点的。

步骤10 删除中间的斜线，执行O（偏移）命令，将矩形向内偏移200，这是角线的位

室内平面图案例实战

197

置，如图8-114所示。

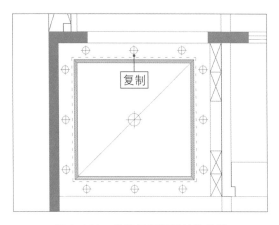

图 8-113　将筒灯复制到其他位置

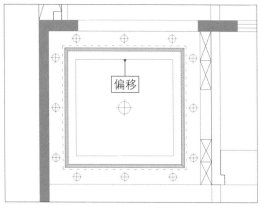

图 8-114　将矩形向内偏移 200

步骤11 执行O（偏移）命令，将矩形向内偏移300；执行L（直线）命令，在4个角画4条连接线，如图8-115所示。

步骤12 执行O（偏移）命令，将矩形分别向内偏移80和80；然后将偏移的两个矩形再向内依次偏移10和20；执行L（直线）命令，绘制直线，如图8-116所示。至此，客厅的天花吊顶绘制完成。

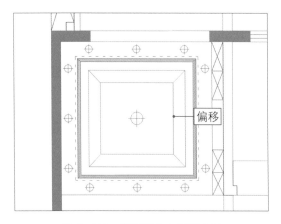

图 8-115　将矩形向内偏移 300

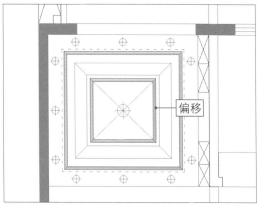

图 8-116　再次对矩形进行偏移操作

8.4.2　绘制餐厅、走廊和卧室天花吊顶图

扫码看教程▶

上一节介绍了如何绘制客厅的天花吊顶图，接下来还需要绘制餐厅、走廊及卧室等的天花吊顶图，具体操作步骤如下。

步骤01 接下来绘制餐厅与客厅之间走廊的天花吊顶图。执行O（偏移）命令，将矩形向内偏移200，然后将偏移的矩形向外偏移50，绘制灯带；执行MA（格式刷）命令，使用与客厅灯带的线型相同的样式，效果如图8-117所示。

步骤 02 执行L（直线）命令，在走廊区域绘制一条水平线，将客厅的筒灯复制到直线的中心位置；执行CO（复制）命令，将筒灯分别向左、向右复制一次，复制距离为900，然后删除中间的水平线，效果如图8-118所示。

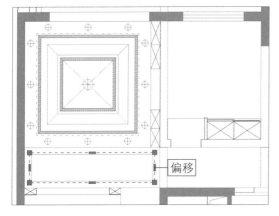

图 8-117　偏移矩形绘制灯带

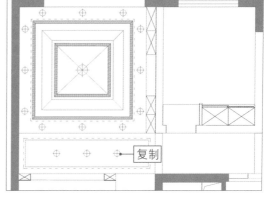

图 8-118　将客厅的筒灯复制到走廊

步骤 03 用相同的方法，通过L（直线）命令、CO（复制）命令及O（偏移）命令，将走廊右侧的天花吊顶图绘制出来，效果如图8-119所示。

步骤 04 接下来绘制餐厅的天花吊顶。执行C（圆）命令，绘制一个半径为800的圆，这就是吊顶的位置；执行O（偏移）命令，将圆依次向内偏移50和80，留出灯带和角线的位置；然后将偏移的圆形再向内依次偏移10和20，留出角线的位置，如图8-120所示。

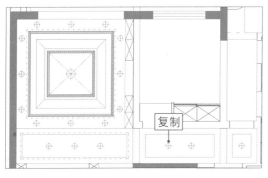

图 8-119　绘制走廊右侧的天花吊顶

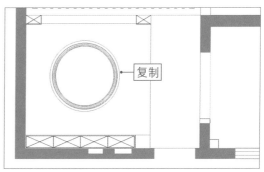

图 8-120　绘制餐厅吊顶的灯带和角线

步骤 05 执行MA（格式刷）命令，将灯带的线型刷过来，效果如图8-121所示。

步骤 06 执行CO（复制）命令，将客厅的大灯复制到餐厅位置；执行L（直线）命令，绘制两条直线，再旋转45°，效果如图8-122所示。

步骤 07 执行C（圆）命令，然后输入TK（追踪）命令并确认，在餐厅的左上角拾取相应的端点，向下引导光标，输入400，向右引导光标，输入400，按两次【Enter】键确认，然后指定圆心，输入45并确认，绘制一个半径为45的圆；执行DCE（圆心标记）命令，绘制一个圆心标记，并将圆心标记放大；执行M（移动）命令，适当调整筒灯的位置，分别向左和向上移动55，如图8-123所示。

步骤08 执行MI（镜像）命令，对筒灯进行镜像操作，效果如图8-124所示。

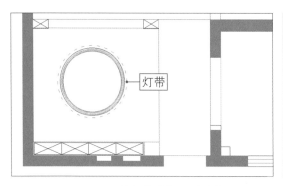

图 8-121　将灯带的线型刷过来

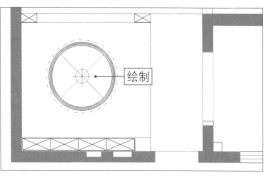

图 8-122　将大灯复制到餐厅位置

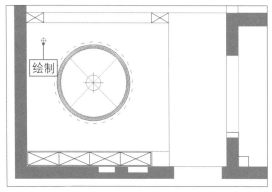

图 8-123　在餐厅位置绘制筒灯

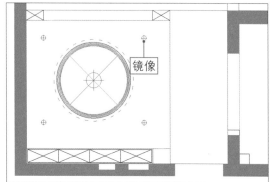

图 8-124　对筒灯进行镜像

步骤09 接下来绘制走廊区域的天花吊顶。执行O（偏移）命令，将矩形向内偏移200，再将偏移的矩形向外偏移50，留出灯带的位置；执行MA（格式刷）命令，将灯带的线型刷过来，效果如图8-125所示。

步骤10 执行L（直线）命令，绘制一条垂直直线；执行CO（复制）命令，将餐厅的筒灯复制到走廊的中心线位置，再分别向上、向下复制一次，距离为900，然后删除之前绘制的垂直直线，效果如图8-126所示。

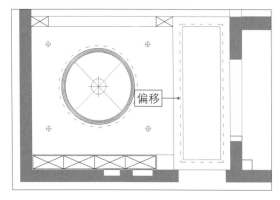

图 8-125　绘制走廊区域的天花吊顶

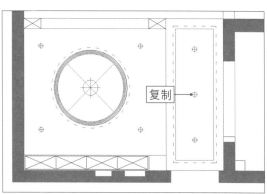

图 8-126　绘制走廊区域的筒灯

步骤11 执行SC（缩放）命令，将客厅及其他区域的筒灯缩小1/2。之前画的筒灯有点大，这里进行适当缩放和调整，效果如图8-127所示。

步骤12 参照上面的方法，绘制其他区域的天花吊顶。本节只讲解天花吊顶的绘制方法，至于天花吊顶的样式，大家可以根据实际需要进行相应的绘制，效果如图8-128所示。

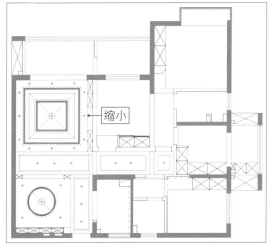

图 8-127　对筒灯进行缩小

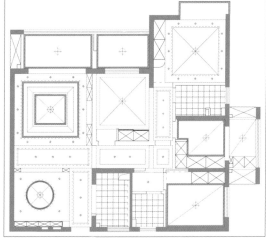

图 8-128　绘制其他区域的天花吊顶

步骤13 进入布局空间，执行CO（复制）命令，复制一张图纸，然后将下方的文字修改为"天花吊顶图"。之后进入该图纸的视口，隐藏不需要的图层，只显示天花吊顶效果，然后在该图纸上标注相应的文字内容，为天花吊顶添加相关说明，效果如图8-129所示。

图 8-129　为天花吊顶添加相关说明

8.5　绘制房屋细节布置图

本节主要讲解房屋细节布置图的绘制技巧，如灯具定位图、插座布置图、开关布置图、水路布置图及立面索引图，希望读者熟练掌握本节内容。

8.5.1　标注灯具定位图 ....

扫码看教程▶

下面讲解灯具定位图的标注技巧。标注灯具的具体位置，方便后期安装灯具与施工操作。标注灯具定位图的具体操作步骤如下。

步骤01 进入布局空间，执行CO（复制）命令，复制一张图纸，然后将下方的文字修改为"灯具定位图"，将多余的标注文字删除，如图8-130所示。

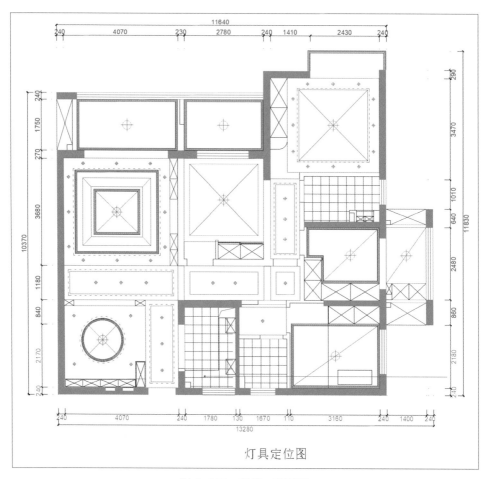

灯具定位图

图 8-130　复制一张图纸

步骤02 新建"拆砌墙 布局—65"标注样式，并将其置为当前样式（具体设置方法可参照前面8.1.5一节的相关内容）。执行"线性"命令，在餐厅位置标注一个尺寸，如图8-131所示。

步骤03 执行"标注"|"连续"命令，对餐厅的其他灯具进行标注，如图8-132所示。

步骤04 用同样的方法，对餐厅的其他灯具进行标注，效果如图8-133所示。

步骤05 用同样的方法，对餐厅右侧走廊区域的灯具进行标注，效果如图8-134所示。

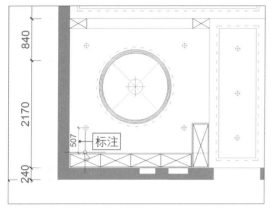

图8-131　标注一个尺寸　　　　　　　　　　图8-132　使用"连续"命令进行标注

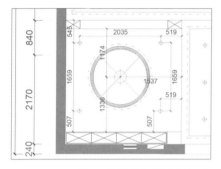

图8-133　对餐厅的其他灯具进行标注

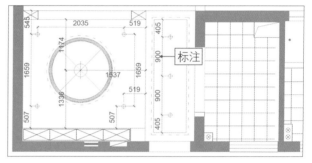

图8-134　对餐厅右侧走廊区域的灯具进行标注

步骤06 用同样的方法，对客厅与餐厅之间走廊区域的灯具进行标注，效果如图8-135所示。

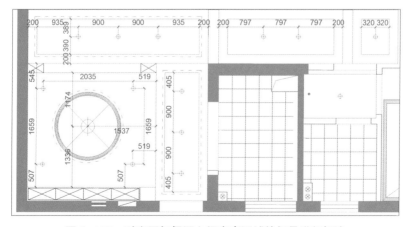

图8-135　对客厅与餐厅之间走廊区域的灯具进行标注

步骤07 进入布局空间，按【Ctrl+O】组合键，打开一幅素材图形（资源\素材\第8章\厨房厕所灯具.dwg），将灯具素材复制并粘贴到厨房和厕所区域，如图8-136所示。

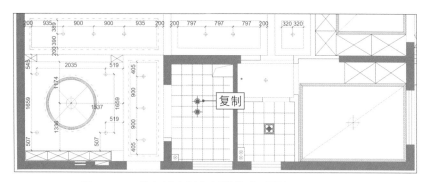

图 8-136　将灯具素材复制并粘贴到厨房和厕所区域

步骤08 用同样的方法，对图纸中的其他灯具进行标注，最终效果如图8-137所示。

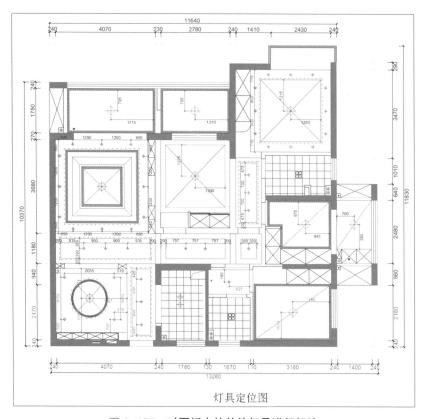

灯具定位图

图 8-137　对图纸中的其他灯具进行标注

8.5.2　绘制房屋插座布置图

扫码看教程▶

绘制房屋插座布置图包括4个要点，即插座的高度、插座布置的数量、插座布置的目的及插座的种类等。下面介绍绘制房屋插座布置图的方法，具体操作步骤如下。

步骤 **01** 进入模型空间，隐藏相关图层，只留下家具图形，如图8-138所示。

步骤 **02** 新建"C-插座"图层，并将其置为当前图层。将图纸复制一份，执行X（分解）命令，分解图形，然后将家具图形的线型全部设置为253的灰色，如图8-139所示。

图 8-138 **隐藏相关图层**

图 8-139 **设置线型的颜色**

★ **专家指点** ★

将图形的线条全部设置为253的灰色，是为了方便在图纸上添加插座图形，因为插座图形是蓝色的，这样就能一眼看出房间中插座的布置效果。

步骤 **03** 进入布局空间，复制一张图纸，将下方的文字修改为"插座布置图"。删除图纸上的标注对象，取消锁定视口，然后双击图纸进入视口，平移显示上一步复制的图纸，如图8-140所示，最后锁定视口。

步骤 **04** 显示家具图层中的对象，按【Ctrl+O】组合键，打开一幅素材图形（资源\素材\第8章\插座素材.dwg），如图8-141所示，并将其复制到"插座布置图"的右下角。

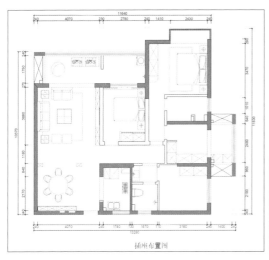

图 8-140 **复制一张图纸并进行平移**

打开

	单相二极和三极组合插座(普通，防水)	一般底边距地0.3米/标注除外
	单相二极和三极组合插座(普通，防水)	一般底边距地0.3米/标注除外
	带开关单相二极和三极组合插座(普通，防水)	一般底边距地0.3米/标注除外
	单相二极和三极组合地插	地面
TP	墙面二眼数据口/电话/网络	一般底边距地0.3米/标注除外
F	有线电视信号插座	一般底边距地0.3米/标注除外
备注：		

图 8-141 **打开一幅素材图形**

步骤05 执行CO（复制）命令，将第一个插座图形复制到入户的位置；执行SC（缩放）命令，将插座图形放大，将"比例因子"设置为1.5，效果如图8-142所示。

步骤06 用同样的方法，在餐厅的其他位置复制插座图形，执行RO（旋转）命令可以对插座图形进行旋转操作，效果如图8-143所示。

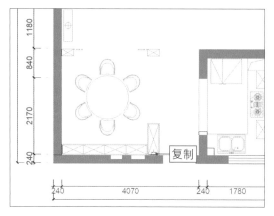

图8-142　将插座复制到入户的位置　　　　图8-143　复制其他的插座图形

步骤07 用同样的方法，在房间中的其他位置添加插座图形，效果如图8-144所示。

图8-144　在其他位置添加插座图形

步骤 08 执行REC（矩形）命令，在电视机的插座位置绘制一个4×10的矩形，设置
"线型"为DASHDOT、"对象颜色"为橘红色、"线型比例"为1、"全局宽度"为0.3，
然后将该矩形复制到其他插座位置，表示会在这个地方安装插座，效果如图8-145所示。

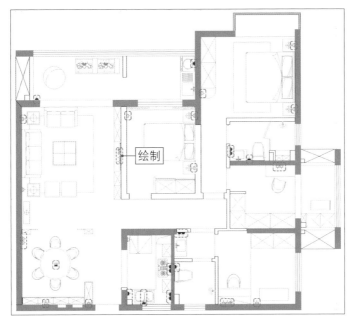

图 8-145 绘制并复制橘红色的矩形

步骤 09 参照前面的操作方法，在图纸上标注相应的文字内容，为插座图形添加相关
说明，效果如图8-146所示。

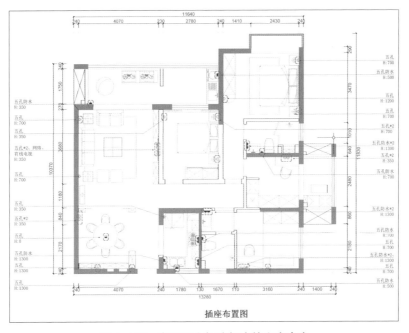

图 8-146 在图纸上标注相应的文字内容

8.5.3 设计开关布置图

扫码看教程▶

设计房屋开关布置图包括3个要点，即开关的高度、开关布置的位置及单控双控开关的布置等。下面介绍设计房屋开关布置图的方法，具体操作步骤如下。

步骤01 在布局空间中，对"天花吊顶图"进行复制，然后将下方文的字修改为"开关布置图"，并删除图纸上的标注对象。新建"K-开关"图层，并将其置为当前图层。按【Ctrl+O】组合键，打开一幅素材图形（资源\素材\第8章\开关素材.dwg），如图8-147所示。通过这个图形认识开关的图例、名称及相关信息，知道将它放在房间的什么位置。

步骤02 将"双级单控开关"和"三级单控开关"复制到入户的位置；执行RO（旋转）命令，对开关图形进行旋转操作；执行SC（缩放）命令，将开关图形放大，将"比例因子"设置为2，效果如图8-148所示，这里的开关负责入户走廊和餐厅的灯具，都是单控开关。

图例	名称	备注
	单极单控开关（普通、防水）	一般底边距地1.3米/床头为0.65米
	单极双控开关（双控、防水）	一般底边距地1.3米/床头为0.65米
	双极单控开关（普通、防水）	一般底边距地1.3米/床头为0.65米
	双极双控开关（双控、防水）	一般底边距地1.3米/床头为0.65米
	三极单控开关（普通、防水）	一般底边距地1.3米/床头为0.65米
	三极双控开关（双控、防水）	一般底边距地1.3米/床头为0.65米
C	窗帘控制开关	一般底边距地1.3米
DS	柜门联动开关	安装于家具内
M	主控制开关（插卡取电）	一般底边距地1.3米
S	声光控自熄开关	一般底边距地1.3米
W	地暖控制开关	一般底边距地1.3米
	人体感应开关	安装于天花、墙壁、柜内
开关类距门框边不得小于0.15米。		

图 8-147　**打开一幅素材图形**

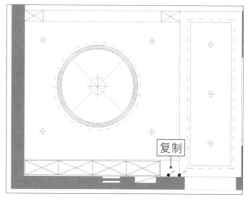

图 8-148　**将开关复制到入户的位置**

步骤03 执行PL（多段线）命令，指定起点，输入W（宽度）命令并确认，输入0.1按两次【Enter】键确认，然后绘制多段线，将线条颜色设置为橘红色，如图8-149所示。

步骤04 用与上同样的方法，在餐厅和走廊区域绘制多段线，效果如图8-150所示。

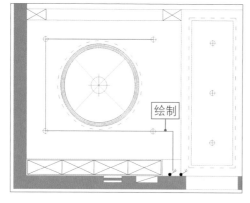

图 8-149　**在餐厅绘制多段线**

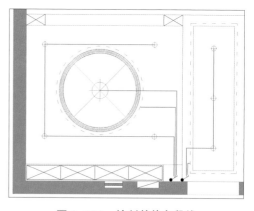

图 8-150　**绘制其他多段线**

步骤05 用同样的方法，在房间内的其他区域绘制开关，复制开关图形并绘制多段线，效果如图8-151所示。

开关布置图

图 8-151 在房间内的其他区域绘制开关

8.5.4 设计水路布置图...

扫码看教程▶

设计房屋水路布置图包括3个要点，即上下水管的高度和位置、水路线路布置及冷热水管道的区分等。下面介绍布置房屋水路的方法，具体操作步骤如下。

步骤01 在布局空间中，对"插座布置图"进行复制，然后将下方的文字修改为"水路布置图"，并删除图纸上的标注对象和插座图形。然后新建"S-水路"图层，并将其置为当前图层。

步骤02 执行PL（多段线）命令，在入户门的位置指定起点，输入W（宽度）命令并确认，输入0.8并确认；然后向上引导光标，绘制多段线。这根是冷水管，需要用青色的线条表示，这根冷水管一直通到阳台区域，如图8-152所示。

步骤03 接下来绘制热水管。执行PL（多段线）命令，在入户门的位置指定起点，一直画到阳台区域。将线条颜色设置为红色，红色表示这里是热水管，如图8-153所示。

图 8-152　绘制冷水管

图 8-153　绘制热水管

步骤04 用同样的方法，在房间的其他位置绘制冷水管，如图8-154所示。

步骤05 用同样的方法，在房间的其他位置绘制热水管，如图8-155所示。

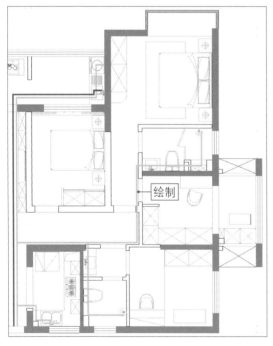

图 8-154　绘制其他冷水管

图 8-155　绘制其他热水管

★ 专家指点 ★

上面绘制的冷热水管有一定的规律，大家要注意，所有出水口的左边都是热水，右边都是冷水，绘图的时候需要统一方位。

步骤06 参照前面的操作方法，在图纸上标注相应的文字内容，为冷热水管添加相关说明，效果如图8-156所示。

水路布置图

图 8-156　在图纸上标注相应的文字内容

8.5.5　绘制立面索引图

扫码看教程▶

立面索引图是平面图中的最后一张图纸。立面索引图用于标明所绘制的立面区域和方向，具体操作步骤如下。

步骤01 在布局空间中，对"水路布置图"进行复制，然后将下方的文字修改为"立面索引图"，并删除图纸上的标注对象和水路图形。然后新建"L-立面图"图层，并将其置为当前图层。

步骤02 按【Ctrl+O】组合键，打开一幅素材图形（资源\素材\第8章\立面索引标注.dwg），将其复制并粘贴到"立面索引图"上，进行旋转操作，标明沙发背景墙立面，如图8-157所示。

步骤03 用同样的方法，标明电视背景墙立面和卧室背景墙立面，效果如图8-158所示。至此，完成室内平面图的绘制。

图 8-157　标明沙发背景墙立面

立面索引图

图 8-158　标明电视背景墙立面和卧室背景墙立面

第 9 章
室内立面图案例实战

室内立面图主要包括墙体框架、窗户、地面完成面和梁。绘制室内立面图的目的主要是更好地完成图纸设计、完整地展示吊顶结构、完成立面材料展示，以及绘制立面墙的造型，使设计的图纸更加精细、专业。本章主要讲解沙发背景墙和电视背景墙立面图的绘制技巧，希望读者熟练掌握本章内容。

本章重点

- 绘制沙发背景墙立面图
- 绘制电视背景墙立面图

9.1 绘制沙发背景墙立面图

在室内设计中，一般客厅沙发后面的背景墙都会做一些造型设计，放置一些时尚元素，使墙面没那么空旷。本节主要讲解沙发背景墙立面图的设计，希望读者熟练掌握。

9.1.1 设计沙发背景墙的结构...

扫码看教程▶

下面讲解如何设计沙发背景墙的结构，大家需要结合第8章中图纸的层高参数进行设计，具体操作步骤如下。

步骤01 按【Ctrl+O】组合键，打开一幅素材图形（资源\素材\第9章\9.1.1.dwg），进入模型空间，在其中的第二张图纸上，隐藏相关图层，只显示墙体、门和家具等图形，如图9-1所示。

步骤02 按【Ctrl+C】组合键，对图纸进行复制；按【Ctrl+Shift+V】组合键，将图纸粘贴到下方的合适位置，此时图纸是一个块对象；执行RO（旋转）命令，对图纸进行旋转操作，使沙发背景墙朝下，如图9-2所示。

图 9-1　打开一幅素材图形

图 9-2　对图纸进行旋转操作

步骤03 新建"L-沙发背景"图层，并将其置为当前图层；执行REC（矩形）命令，在沙发背景墙的位置绘制一个矩形，作为制作立面图的区域，如图9-3所示。

步骤04 执行XC（裁剪块）命令，选择整个块对象，按空格键确认，在弹出的快捷菜单中选择"新建边界" | "矩形"选项，然后根据矩形区域绘制一个边界矩形，即可对块对象进行裁剪操作，如图9-4所示。

步骤05 执行XL（构造线）命令，绘制沙发背景墙的构造线；执行L（直线）命令，绘制一条直线，如图9-5所示。

步骤06 执行O（偏移）命令，将直线向下偏移2800，这是楼层的层高；执行TR（修剪）命令，修剪多余的线条，将沙发背景墙的大体区域绘制出来，如图9-6所示。

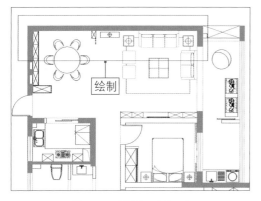

图 9-3　绘制一个矩形

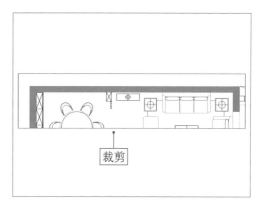

图 9-4　对块对象进行裁剪操作

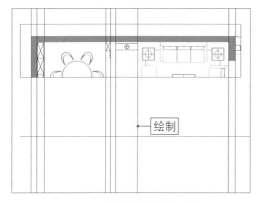

图 9-5　绘制构造线和直线

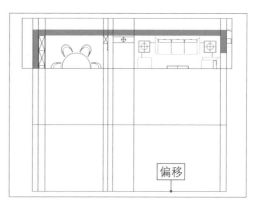

图 9-6　绘制楼层的层高

9.1.2　绘制沙发立面图的大体框架 ....

扫码看教程 ▶

下面介绍如何绘制沙发立面图的大体框架结构，具体操作步骤如下。

步骤01 执行O（偏移）命令，将上方的直线向上偏移120，这是层板的高度；按空格键重复执行O（偏移）命令，将直线向下偏移490，如图9-7所示。

步骤02 执行TR（修剪）命令，修剪多余的线条，如图9-8所示。

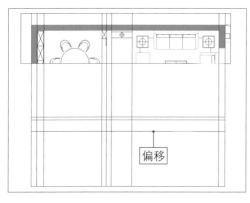

图 9-7　对直线进行偏移处理

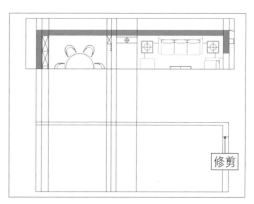

图 9-8　修剪多余的线条

室内立面图案例实战

215

步骤03 执行F（倒角）命令，对图形进行倒角处理；执行TR（修剪）命令，修剪多余的线条，如图9-9所示。

步骤04 显示"天花吊顶"图层，参照9.1.1一节的操作方法，按【Ctrl+C】组合键，对图纸进行复制；按【Ctrl+Shift+V】组合键，将图纸粘贴到合适的位置，并旋转图纸，然后绘制一个矩形，对块对象进行裁剪，再移至合适的位置，如图9-10所示。

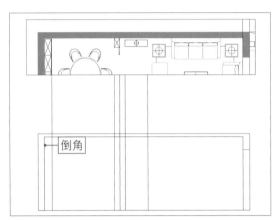

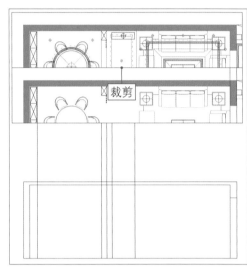

图 9-9　对图形进行倒角与修剪操作　　　　图 9-10　对块对象进行旋转与裁剪操作

步骤05 执行XL（构造线）命令，沿餐厅吊顶的位置绘制构造线，如图9-11所示。

步骤06 执行O（偏移）命令，将上方直线向下偏移200；再次执行O（偏移）命令，将下方直线向上偏移50，这两个是地面混凝土和瓷砖的厚度。执行TR（修剪）命令，修剪多余的线条；执行L（直线）命令，绘制餐厅的柜子，将线条颜色设置为253，如图9-12所示。

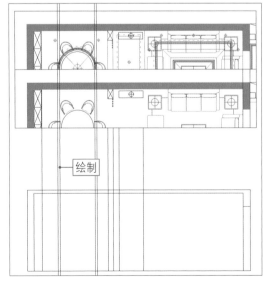

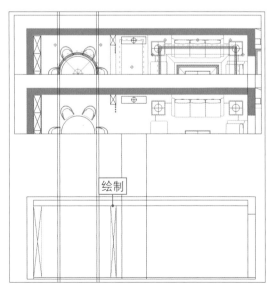

图 9-11　沿餐厅吊顶的位置绘制构造线　　　　图 9-12　偏移直线并绘制柜子

步骤 07 按【Ctrl+O】组合键，打开一幅素材图形（资源\素材\第9章\小柜子.dwg），将其移至立面图中，放在合适的位置，删除多余的线条，然后对图形进行修剪，效果如图 9-13 所示。

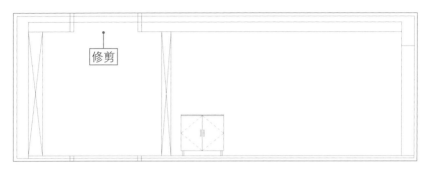

图 9-13　将素材移至立面图中

步骤 08 执行O（偏移）命令，将直线向上偏移80；执行TR（修剪）命令，修剪并删除多余的线条，效果如图9-14所示。

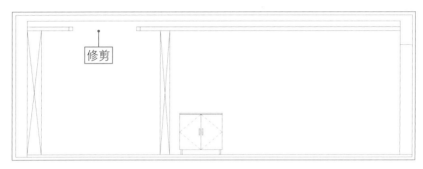

图 9-14　偏移并修剪线条

9.1.3 绘制天花吊顶的基本造型 ....

扫码看教程▶

下面介绍如何绘制天花吊顶的基本造型，具体操作步骤如下。

步骤 01 执行XL（构造线）命令，根据上方的块对象绘制相应的构造线；执行TR（修剪）命令，修剪多余的线条；执行O（偏移）命令，将直线向下偏移100，再次修剪并删除多余的线条，将走廊吊顶的结构画出来，如图9-15所示。

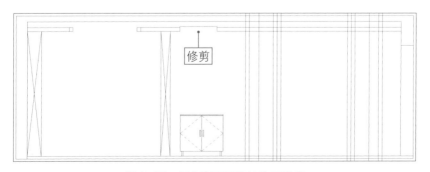

图 9-15　将走廊吊顶的结构画出来

步骤02 用同样的方法，通过O（偏移）、TR（修剪）、F（倒角）、MI（镜像）等命令，绘制天花吊顶的立面结构，如图9-16所示。

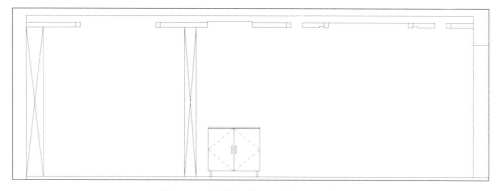

图 9-16　绘制天花吊顶的立面结构

步骤03 按【Ctrl+O】组合键，打开一幅素材图形（资源\素材\第9章\吊顶造型.dwg），将图形复制并粘贴到立面图中，财对图形进行镜像处理，然后移至相应的位置，效果如图9-17所示。

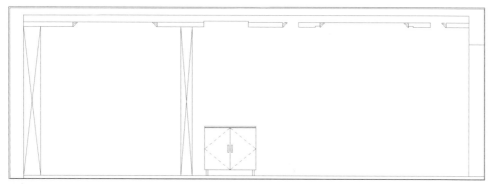

图 9-17　将素材复制并粘贴到立面图中

步骤04 执行O（偏移）、TR（修剪）、REC（矩形）、C（圆）及MI（镜像）命令，绘制餐厅吊顶的凹槽和灯带，如图9-18所示。

步骤05 在餐厅的天花吊顶造型图上，执行L（直线）命令，绘制相应的直线；执行EX（延伸）命令，延伸线条，效果如图9-19所示。

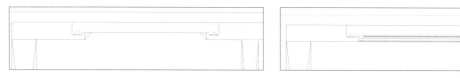

图 9-18　绘制凹槽和灯带　　　　　　　图 9-19　绘制直线并延伸线条

步骤06 执行XL（构造线）命令，绘制筒灯的构造线；执行CO（复制）命令，将筒灯的造型素材复制到下方的合适位置，然后删除构造线，效果如图9-20所示。

图 9-20 绘制筒灯的造型

步骤 07 用同样的方法，在立面图的其他位置绘制天花吊顶的凹槽、带灯及筒灯造型。至此，吊顶造型绘制完成，效果如图9-21所示。

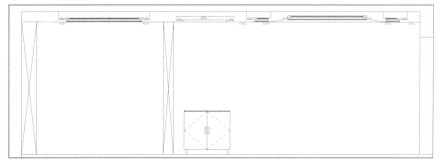

图 9-21 吊顶造型绘制完成

9.1.4 绘制沙发背景墙的基本造型

扫码看教程▶

下面介绍如何绘制沙发背景墙的基本造型，并进行图案填充，具体操作步骤如下。

步骤 01 执行L（直线）命令，将走廊的背景造型区域隔出来；执行REC（矩形）命令，在沙发背景墙上绘制一个矩形，矩形的大小为1200×1800，矩形的位置可自行设定，作为沙发背景墙的画框，将矩形向内偏移20，表示画框的厚度，如图9-22所示。

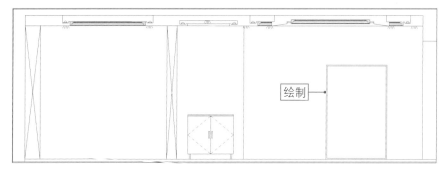

图 9-22 绘制矩形并进行偏移操作

步骤 02 接下来绘制餐厅背景墙上的灯具。执行XL（构造线）命令，在餐桌的圆心位置绘制一条垂直构造线；执行O（偏移）命令，将下方的直线向上偏移750，这是餐桌的高度；执行C（圆）命令，输入TK（追踪）命令并确认，拾取相应的端点，输入1650并按两次【Enter】键确认，输入300并确认，绘制一个半径为300的圆，如图9-23所示。

图 9-23　绘制一个半径为 300 的圆

步骤 03 再次执行C（圆）命令，绘制一个半径为200的圆，向左移至合适的位置；执行TR（修剪）命令，修剪多余的圆弧，完成餐厅背景墙上灯具的绘制，然后将其移至图形的中心位置，再删除构造线，如图9-24所示。

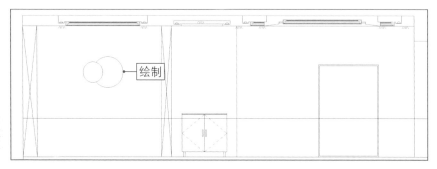

图 9-24　绘制餐厅背景墙上的灯具

步骤 04 执行 O（偏移）命令，将圆向内偏移 30，表示灯带；执行 TR（修剪）命令，修剪多余的线条，将灯带线条进行合并，设置"线型"为 DASHDOT、"线型比例"为 50，灯具造型绘制完成。执行 L（直线）命令，绘制两条直线，表示餐厅背景墙，效果如图 9-25 所示。

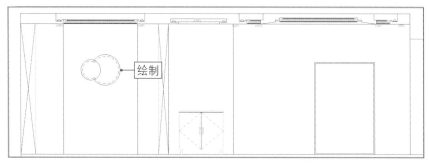

图 9-25　绘制灯带和餐厅背景墙区域

步骤 05 接下来绘制沙发和走廊背景墙的造型。通过L（直线）命令，绘制多条水平直线与垂直直线，表示背景墙上的隔板，然后移动并偏移相应的图形；执行O（偏移）命令，将走廊区域的直线向左偏移20，然后进行复制，作为走廊区域的背景墙隔板；执行

TR（修剪）命令，修剪多余的线条，最后再完善图形，效果如图9-26所示。

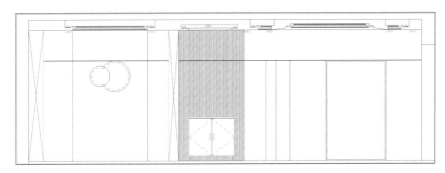

图 9-26　绘制沙发和走廊背景墙的造型

步骤06 新建"L-立面填充"图层，并将其置为当前图层，执行 H（图案填充）命令，为图形填充图案，效果如图9-27 所示。至此，完成沙发背景墙立面图的绘制。

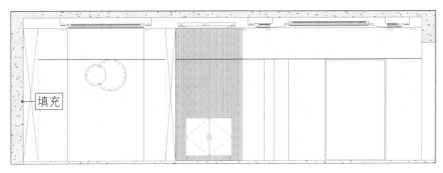

图 9-27　为图形填充图案

步骤07 参照第8章的操作方法，进入布局空间，复制一张图纸，进行相应的修改操作，然后标注相应的文字内容，为沙发背景墙立面图添加说明文字，最终效果如图9-28所示。

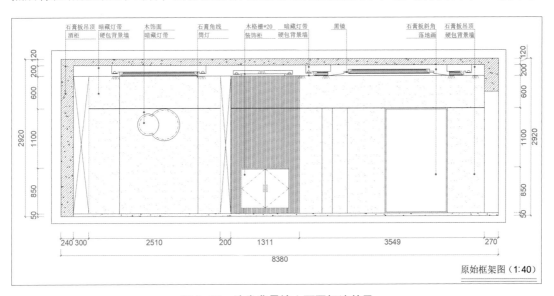

图 9-28　沙发背景墙立面图标注效果

9.2 绘制电视背景墙立面图

电视背景墙的设计在室内设计中也比较常见，凹凸的造型使背景墙更加美观，坐在沙发上看电视的时候，可以使观赏者心情舒畅。本节主要讲解电视背景墙立面图的绘制。

9.2.1 绘制电视背景墙的层高结构...................................

扫码看教程 ▶

下面介绍如何绘制电视背景墙的结构，具体操作步骤如下。

步骤 01 参照9.1一节的操作方法，对图纸进行复制，按【Ctrl+Shift+V】组合键，将图纸粘贴到下方的合适位置；执行RO（旋转）命令，对图纸进行旋转；执行REC（矩形）命令，在电视背景墙的位置绘制一个矩形；执行XC（裁剪块）命令，对块对象进行裁剪操作，留下此书需要的部分，如图9-29所示。

步骤 02 新建"L-电视背景墙"图层，并将其置为当前图层；执行XL（构造线）命令，绘制相应的构造线；执行L（直线）命令，绘制一条直线；执行O（偏移）命令，将直线向下偏移2800，这是楼层的层高，如图9-30所示。

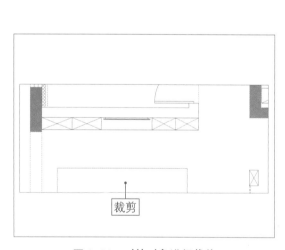

图 9-29 **对块对象进行裁剪**

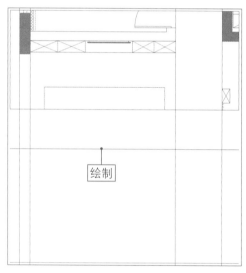

图 9-30 **绘制构造线与直线**

步骤 03 执行TR（修剪）命令，修剪多余的线条；执行O（偏移）命令，将直线向下偏移490；执行F（倒角）命令，对图形进行倒角处理，并再次修剪图形；执行L（直线）命令，绘制两条垂直直线，效果如图9-31所示。

步骤 04 执行O（偏移）命令，将直线向上偏移120，这是楼层层板的厚度；执行F（倒角）命令，对图形进行倒角处理；执行O（偏移）命令，将直线向下偏移300，这是梁；执行TR（修剪）命令，修剪多余的线条，此时背景墙的大体结构出来了，如图9-32所示。

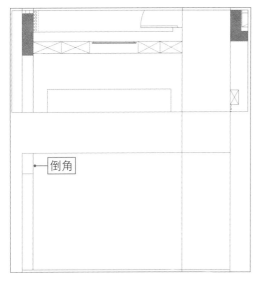

图 9-31 绘制两条垂直直线

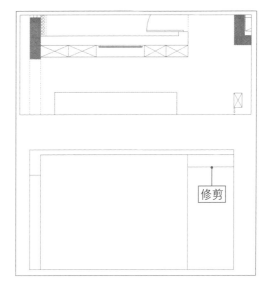

图 9-32 背景墙的大体结构

9.2.2 制作天花吊顶及电视机区域 ....

扫码看教程 ▶

下面介绍如何绘制天花吊顶及电视机区域，具体操作步骤如下。

步骤 01 执行 O（偏移）命令，将下方的直线向上偏移 50，这是地面的厚度；执行 TR（修剪）命令，修剪多余的线条；执行 PL（多段线）命令，绘制一个中空符号，并修改为虚线线型，如图 9-33 所示。

步骤 02 对 9.1.2 一节步骤 4 中裁剪的块对象进行复制和旋转，调整裁剪的区域，如图 9-34 所示，并将其移至电视背景墙结构图的上方。

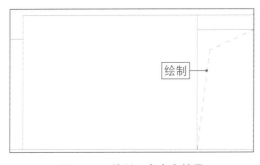

图 9-33 绘制一个中空符号

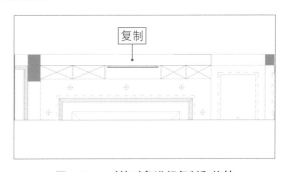

图 9-34 对块对象进行复制和旋转

步骤 03 将 9.1.3 一节中绘制的天花吊顶造型复制并粘贴到电视背景墙的结构图中，如图 9-35 所示，这样吊顶就完成了。然后将复制的所有图形全部移至 "L-电视背景墙" 图层中。

步骤 04 执行 O（偏移）命令，将下方的直线依次向上偏移 200、300；执行 TR（修剪）命令，修剪多余的线条，这是电视柜区域，如图 9-36 所示。

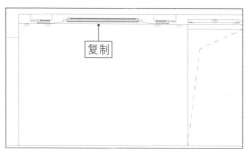

图 9-35　复制天花吊顶造型

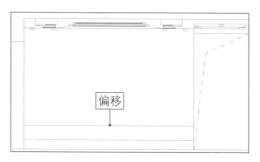

图 9-36　偏移直线并修剪线条

步骤 05 执行XL（构造线）命令，在图9-34中的电视机区域，绘制垂直构造线；执行O（偏移）命令，将下方的直线向上偏移750；执行TR（修剪）命令，修剪多余的线条，完成电视柜底部区域的绘制，如图9-37所示。

步骤 06 执行O（偏移）命令，将下方的直线向上偏移700，表示电视机的高度；执行BO（边界）命令，创建一个边界矩形，作为电视机，然后删除构造线和偏移的直线，效果如图9-38所示。

步骤 07 执行O（偏移）命令，将右侧的直线向左偏移30；执行TR（修剪）命令，修剪多余的线条，表示电视背景墙的收口；执行L（直线）命令，在电视机的两侧绘制两条垂直直线；执行O（偏移）命令，将两条直线分别向外侧偏移350，然后删除电视机两侧的直线，留下偏移后的直线，如图9-39所示。

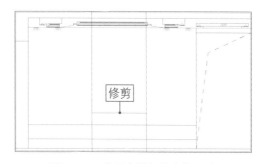

图 9-37　绘制电视柜的底部区域

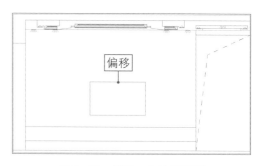

图 9-38　创建一个边界矩形

步骤 08 执行EX（延伸）命令，将直线延伸至两端，然后将电视机上移150，如图9-40所示，电视背景墙的大体区域就划分出来了。

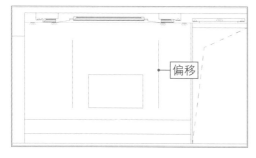

图 9-39　留下偏移后的直线

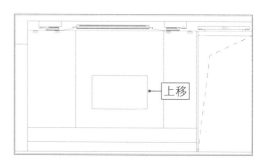

图 9-40　将电视机上移 150

9.2.3 绘制电视背景墙的基本造型

扫码看教程▶

下面介绍如何绘制电视背景墙的基本造型，具体操作步骤如下。

步骤 01 执行L（直线）命令，在电视背景墙的左侧绘制一条水平直线和垂直直线，将垂直直线向两侧依次偏移110，然后删除中间的垂直直线，如图9-41所示。

步骤 02 执行S（拉伸）命令，对两条垂直直线进行拉伸处理；执行L（直线）命令，绘制相应直线；执行TR（修剪）命令，修剪并删除多余的线条，如图9-42所示，表示这是一排凹进去的柜子，可以放一些小摆件。

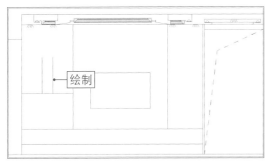

图 9-41 绘制水平与垂直直线

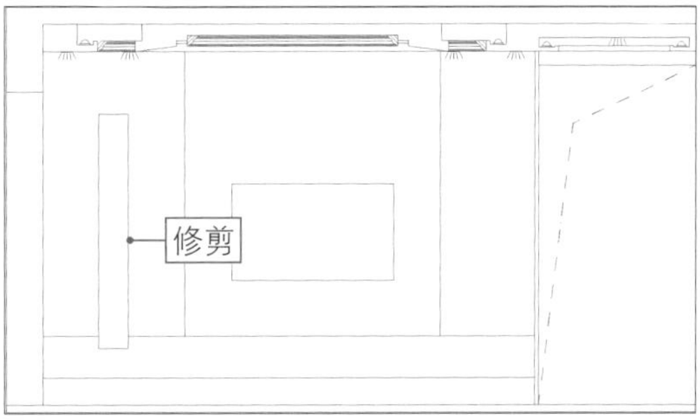

图 9-42 拉伸、修剪、删除线条

步骤 03 执行J（合并）命令，将绘制的矩形合并，使其成为多段线，如图9-43所示。

步骤 04 执行O（偏移）命令，将矩形向内偏移20，表示木板的厚度；执行L（直线）命令，在下方绘制两条水平直线；执行CO（复制）命令，将直线向上复制，复制的距离分别为300、500、1000、1200、1500，表示一格一格的柜子，如图9-44所示。

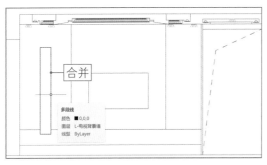

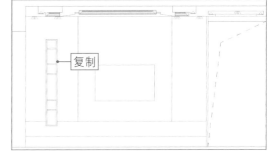

图 9-43 将绘制的矩形合并

图 9-44 绘制一格一格的柜子

步骤 05 执行O（偏移）命令，将表示木板厚度的直线向上偏移5，设置"线型"为虚线、"线型比例"为10，表示柜子上的灯带，如图9-45所示。

步骤 06 执行L（直线）命令，在电视背景墙上绘制直线；执行TR（修剪）命令，修剪多余的线条，对背景墙的图案进行切割，如图9-46所示。

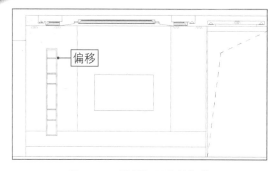

图 9-45　绘制柜子上的灯带

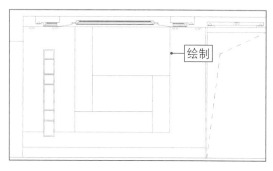

图 9-46　对背景墙的图案进行切割

步骤 07 执行O（偏移）命令，将右侧的直线向左偏移20；执行TR（修剪）命令，修剪多余的线条；执行CO（复制）命令，复制出多条直线，绘制木格栅效果，效果如图9-47所示。

步骤 08 执行TR（修剪）命令，修剪多余的线条，完成木格栅效果的绘制，如图9-48所示。

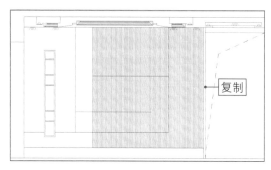

图 9-47　偏移并复制多条直线

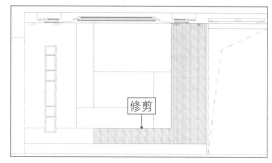

图 9-48　绘制背景墙的木格栅效果

步骤 09 接下来绘制电视背景墙上的灯带。执行O（偏移）命令，将相应的直线偏移50；执行F（倒角）命令，对图形进行倒角处理，如图9-49所示。

步骤 10 执行MA（格式刷）命令，将电视柜上的灯带线型刷过来，修改"线型比例"为60，效果如图9-50所示。至此，完成电视背景墙立面图的绘制。

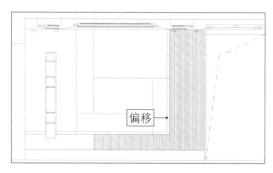

图 9-49　偏移直线并对图形进行倒角处理

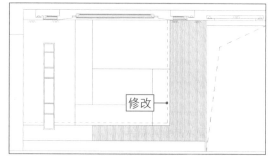

图 9-50　修改线型样式和线型比例

9.2.4 在布局空间中进行标注

电视背景墙的立面图绘制完成后，接下来就需要对图纸进行标注，添加引线和文字内容等，具体操作步骤如下。

步骤 01 进入布局空间，执行MV（视口）命令，绘制一个视口区域，双击鼠标左键进入视口，使用鼠标拖动绘图区域，到电视背景墙立面图，设置视口的缩放比例为1:40，然后调整视口大小，锁定视口，如图9-51所示。

步骤 02 将"布局—40"标注样式置为当前样式，执行XL（构造线）命令，绘制垂直构造线；执行REC（矩形）命令，在构造线上绘制一个矩形；执行TR（修剪）命令，修剪矩形外多余的线条，然后删除矩形，留下矩形内的线段；执行QDIM（快速标注）命令，对图形进行标注，然后删除构造线，标注的效果如图9-52所示。

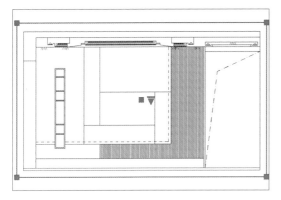

图 9-51　绘制一个视口区域　　　　　　　图 9-52　对图纸进行标注

步骤 03 在"默认"选项卡的"注释"面板中，单击"线性"按钮，在图形下方标注总尺寸，如图9-53所示。

步骤 04 用同样的方法，使用XL（构造线）命令、REC（矩形）命令、TR（修剪）命令、QDIM（快速标注）命令，绘制其他的标注对象，单击"线性"按钮，为图形标注尺寸，效果如图9-54所示。

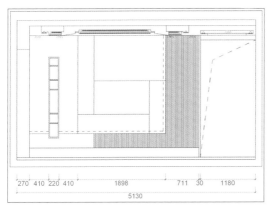

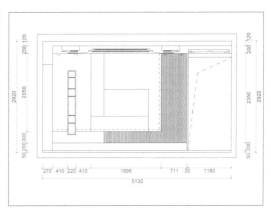

图 9-53　在图形下方标注总尺寸　　　　　图 9-54　绘制其他的标注对象

步骤05 参照第8章的操作方法，在图纸上标注相应的引线与文字，为电视背景墙立面图添加相关说明，最终效果如图9-55所示。

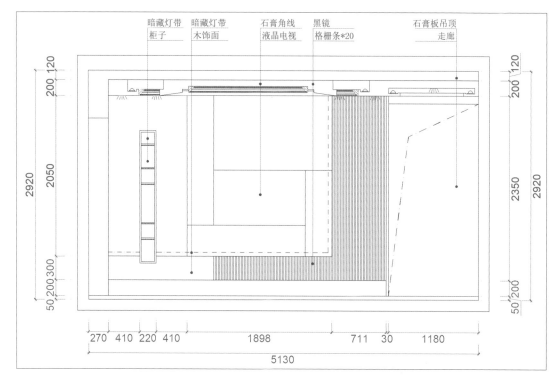

图 9-55　为电视背景墙立面图添加相关说明

第 10 章

剖面 / 节点图案例实战

剖面 / 节点图也是室内图纸的一部分，它的作用是将物体朝某一方向进行切割，从切割线处开始绘制剖面，可以对物体的结构进行更细致的讲解和展示。本章主要讲解吊顶剖面图、柜子剖面图及吊顶节点图的绘制技巧，希望读者熟练掌握本章内容。

―――――――――――――― 本章重点 ――――――――――――――

· 绘制吊顶剖面图　　　　　· 绘制柜子剖面图　　　　　· 绘制吊顶节点图

10.1 绘制吊顶剖面图

本节主要讲解吊顶剖面图的绘制技巧，主要包括餐厅和客厅的吊顶剖面图，并且在绘制完成后要对吊顶区域进行图案填充，然后在布局空间中标注相应的文字内容。

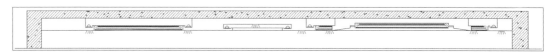

10.1.1 绘制餐厅区域的吊顶剖面图 ....

扫码看教程▶

下面介绍绘制餐厅区域吊顶剖面图的方法，具体操作步骤如下。

步骤01 按【Ctrl+O】组合键，打开一幅素材图形（资源\素材\第10章\10.1.1.dwg），进入模型空间，复制沙发背景墙立面图，粘贴到右侧合适的位置，然后删除不需要的图形，如图10-1所示。

图 10-1　复制沙发背景墙立面图

步骤02 放大左侧吊顶区域的图形，执行O（偏移）命令，将下方的横线依次向上偏移10、10，如图10-2所示。

步骤03 执行O（偏移）命令，将右侧的垂直直线向左偏移10；执行L（直线）命令，绘制一条垂直的连接线，如图10-3所示。

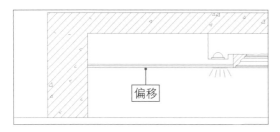

图 10-2　将下方的横线向上偏移

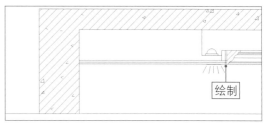

图 10-3　绘制一条垂直的连接线

步骤04 执行F（倒角）命令，对偏移的直线进行倒角处理，如图10-4所示。

步骤05 执行O（偏移）命令，将上方的直线向下偏移10；执行TR（修剪）命令，修剪多余的线条，如图10-5所示。

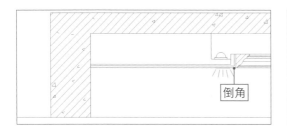

图 10-4　对偏移的直线进行倒角

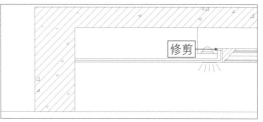

图 10-5　偏移与修剪线条

步骤 **06** 执行EX（延伸）命令，延伸两条横线，如图10-6所示。

步骤 **07** 执行O（偏移）命令，将垂直直线依次向左偏移10、10；执行EX（延伸）命令，延伸3条垂直直线，如图10-7所示，完成基层板与石膏板立面图的绘制。

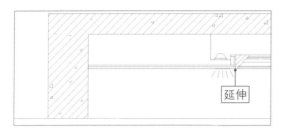

图 10-6　延伸两条直线

图 10-7　偏移与延伸直线

步骤 **08** 执行REC（矩形）命令，绘制一个40×30的小矩形；执行CO（复制）命令，复制并粘贴小矩形，如图10-8所示。

步骤 **09** 执行CO（复制）命令，将上下两个小矩形复制并粘贴到右侧合适的位置，复制距离为350，如图10-9所示。

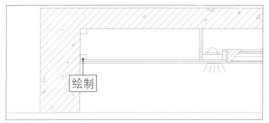

图 10-8　复制并粘贴小矩形 1

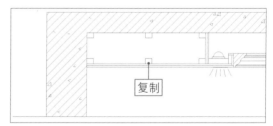

图 10-9　复制并粘贴小矩形 2

步骤 **10** 执行REC（矩形）命令，在复制的小矩形之间绘制两个大矩形，如图10-10所示，这是天花吊顶中木龙骨的表现形式。

步骤 **11** 用同样的方法，绘制餐厅另一侧的吊顶剖面图。执行O（偏移）命令，将直线依次偏移10mm；执行F（倒角）命令，对图形进行倒角处理；执行EX（延伸）命令，延伸相应的线条，如图10-11所示。

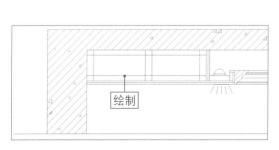

图 10-10　绘制两个大矩形

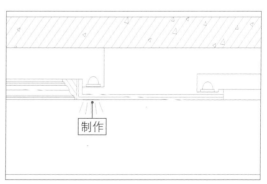

图 10-11　偏移、倒角、延伸图形

剖面／节点图案例实战

231

步骤12 执行O（偏移）命令，将上方的直线向下偏移10；执行TR（修剪）命令，修剪多余线条；执行EX（延伸）命令，延伸两条水平直线，如图10-12所示。

步骤13 执行EX（延伸）命令，延伸垂直直线；执行O（偏移）命令，将垂直直线依次向右偏移10、10，如图10-13所示。

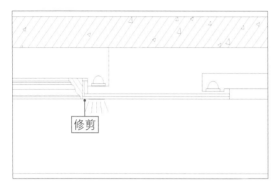
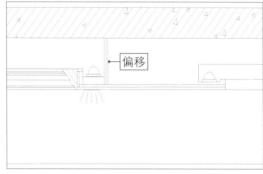

图10-12　偏移、修剪、延伸水平直线　　　　图10-13　延伸、偏移垂直直线

步骤14 至此，餐厅区域的天花吊顶剖面图绘制完成，如图10-14所示。

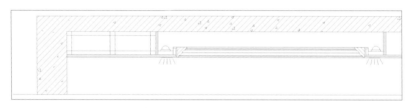

图10-14　餐厅区域的天花吊顶剖面图绘制完成

10.1.2　绘制客厅区域的吊顶剖面图

扫码看教程▶

下面介绍绘制客厅区域吊顶剖面图的方法，具体操作步骤如下。

步骤01 放大客厅区域的吊顶图形，执行O（偏移）命令，将右侧的垂直直线偏移10；执行F（倒角）命令，对直线进行倒角处理；执行EX（延伸）命令，延伸相应线条，如图10-15所示。

步骤02 执行O（偏移）命令，将右侧的垂直直线向左偏移10、10；执行EX（延伸）命令，延伸垂直直线，如图10-16所示。

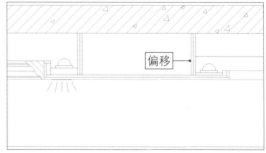

图10-15　偏移、倒角、延伸线条　　　　　　图10-16　偏移、延伸垂直直线

步骤03 用同样的方法，通过O（偏移）、F（倒角）和EX（延伸）等命令绘制另一侧的吊顶剖面图，如图10-17所示。

步骤04 执行O（偏移）命令，将直线依次向上偏移10、10，一块是石膏板，一块是基层板，如图10-18所示。

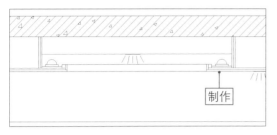 

图 10-17　绘制另一侧的吊顶剖面图　　　　图 10-18　将直线依次向上偏移 10、10

步骤05 用同样的方法，通过CO（复制）命令，将餐厅吊顶区域绘制的小矩形复制并粘贴到其他吊顶区域；执行REC（矩形）命令，在复制的小矩形之间绘制两个大矩形，表示木龙骨，如图10-19所示。

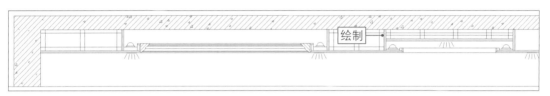

图 10-19　通过 CO（复制）、REC（矩形）命令绘制图形

步骤06 用同样的方法，通过O（偏移）、F（倒角）、TR（修剪）和EX（延伸）等命令绘制右侧的吊顶剖面图；通过CO（复制）、REC（矩形）命令绘制吊顶剖面图中的木龙骨，如图10-20所示。

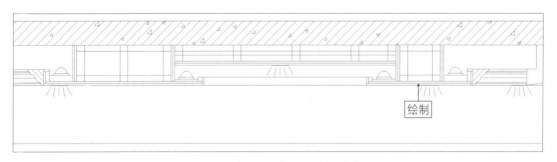

图 10-20　绘制吊顶剖面图中的其他图形

步骤07 执行O（偏移）命令，将多条的直线多次偏移10，如图10-21所示。

步骤08 执行F（倒角）、EX（延伸）等命令处理图形中的线条，如图10-22所示。

步骤09 用同样的方法，绘制客厅其他区域的木龙骨、石膏板、基层板等图形，效果如图10-23所示。

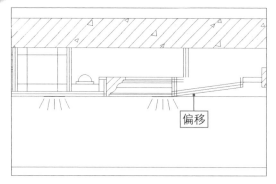

图 10-21　将多条直线多次偏移 10　　　　图 10-22　倒角、延伸线条

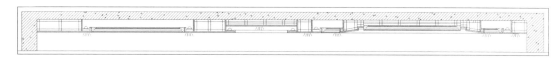

图 10-23　绘制其他的木龙骨、石膏板、基层板等图形

步骤10 执行L（直线）命令，在木龙骨小矩形中绘制两条交叉直线，用来表示木龙骨，以与其他图形进行区分；执行CO（复制）命令，将交叉的直线复制到其他小矩形中，效果如图10-24所示。至此，完成客厅区域吊顶剖面图的绘制。

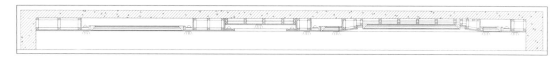

图 10-24　将交叉直线复制到其他小矩形中

10.1.3 对吊顶剖面图进行图案填充

扫码看教程▶

下面介绍对吊顶剖面图进行图案填充的方法，具体操作步骤如下。

步骤01 执行H（图案填充）命令，在"图案"列表框中选择AR-CONC图案类型，设置"填充图案比例"为0.05，如图10-25所示。

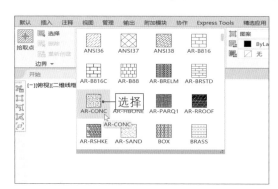

图 10-25　选择图案类型并设置填充图案比例

步骤02 在"边界"选项板中单击"拾取点"按钮，拾取石膏板区域，使用AR-CONC图案进行填充，效果如图10-26所示。

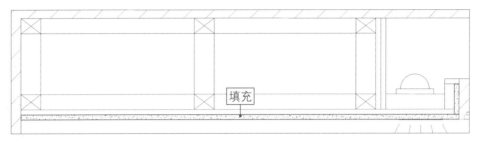

图 10-26　对石膏板区域进行图案填充

步骤03 用同样的方法，为吊顶剖面图中的其他石膏板区域填充AR-CONC图案，效果如图10-27所示。

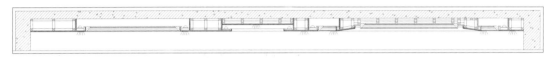

图 10-27　为其他石膏板区域填充 AR-CONC 图案

步骤04 执行H（图案填充）命令，在"图案"列表框中选择CORK图案类型，设置"填充图案比例"为1，如图10-28所示。

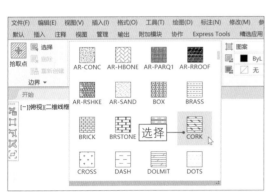

图 10-28　选择图案类型并设置填充图案比例

步骤05 在"边界"选项板中单击"拾取点"按钮，拾取基层板区域，CORK图案进行填充，效果如图10-29所示。

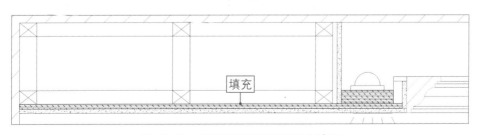

图 10-29　对基层板区域进行图案填充

步骤06 用同样的方法，为吊顶剖面图中的其他基层板区域填充CORK图案，效果如图10-30所示。

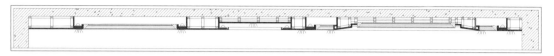

图 10-30　为其他基层板区域填充 CORK 图案

10.1.4　在布局空间进行标注 ....

扫码看教程▶

下面介绍在布局空间进行标注的方法，具体操作步骤如下。

步骤01 进入布局空间，复制一个图框，执行MV（视口）命令，绘制一个视口区域，双击鼠标左键进入视口，在吊顶剖面图设置视口的缩放比例为1∶30，然后调整视口大小，锁定视口，如图10-31所示。

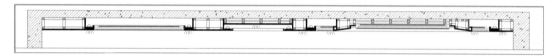

图 10-31　绘制一个视口区域

步骤02 执行CO（复制）命令，将其他图纸中的标题文字复制到吊顶剖面图中，然后修改文字内容，如图10-32所示。

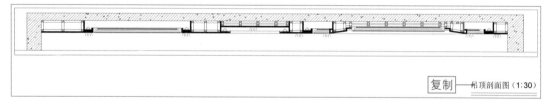

图 10-32　复制并修改文字内容

步骤03 用同样的方法，执行CO（复制）命令，从其他图纸中复制相应的标注到吊顶剖面图中，然后修改文字内容，如图10-33所示。

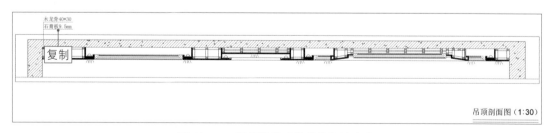

图 10-33　复制并修改其他的标注文字

步骤04 用同样的方法，在吊顶剖面图中标注其他的线性尺寸，并添加文字说明，效果如图10-34所示。至此，完成吊顶剖面图的绘制。

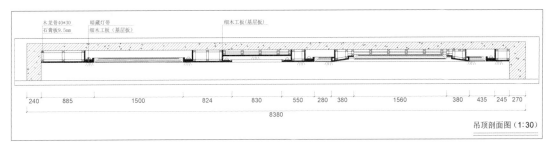

木龙背40*30
石膏板9.5mm
暗藏灯带
细木工板（基层板）

细木工板（基层板）

240　885　1500　824　830　550　280　380　1560　380　435　245　270
8380

吊顶剖面图（1:30）

图 10-34　标注其他线性尺寸并添加文字说明

10.2　绘制柜子剖面图

本节主要讲解柜子剖面图的绘制技巧，绘制的过程很简单，因为柜子本身结构也不复杂，希望读者学完本节以后可以举一反三，灵活绘制出其他的柜子剖面图。

10.2.1　绘制柜子剖面图的造型结构...

扫码看教程▶

下面介绍如何绘制柜子剖面图的造型结构，具体操作步骤如下。

步骤 01 进入模型空间，复制"沙发背景墙"图纸中的柜子，将其粘贴到右侧合适的位置，如图10-35所示。

步骤 02 删除柜子外面显示的图案与柜门把手，如图10-36所示，现在开始绘制柜子里面的结构。

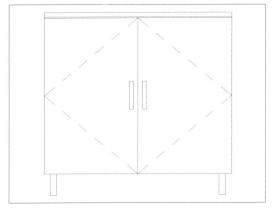

图 10-35　复制"沙发背景墙"图纸中的柜子

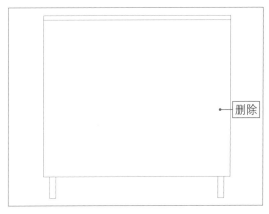

删除

图 10-36　删除外面显示的图案与柜门把手

步骤 03 执行X（分解）命令，将最外侧的矩形进行分解，使其变成一条一条单独的线条，如图10-37所示。

步骤 04 执行O（偏移）命令，将左侧和右侧的线条依次向内偏移18，表示柜门的厚度，如图10-38所示。

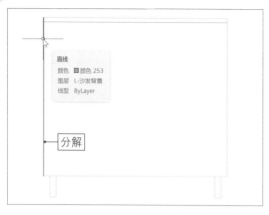

图 10-37　对矩形进行分解

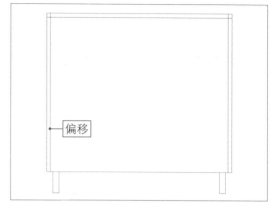

图 10-38　将线条依次向内偏移 18

步骤 05 执行TR（修剪）命令，修剪多余的线条，如图10-39所示。

步骤 06 执行O（偏移）命令，将柜子下方的直线向上偏移18，表示底部的厚度；执行TR（修剪）命令，修剪多余的线条，如图10-40所示。

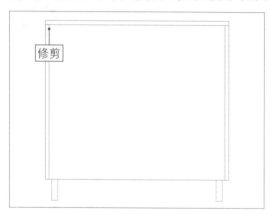

图 10-39　修剪多余线条

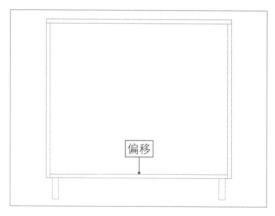

图 10-40　偏移并修剪直线

步骤 07 执行L（直线）命令，在柜子中间绘制一条垂直直线，如图10-41所示。

步骤 08 执行O（偏移）命令，将垂直直线分别向左右偏移9，然后删除中间的垂直直线，效果如图10-42所示。

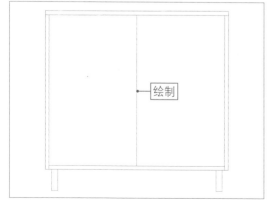

图 10-41　绘制一条垂直直线

图 10-42　将垂直直线分别向左右偏移 9

步骤 09 执行L（直线）命令，在柜子左侧绘制一条水平直线，如图10-43所示。

步骤 10 执行O（偏移）命令，将水平直线分别向上下偏移9，然后删除中间的直线，如图10-44所示。

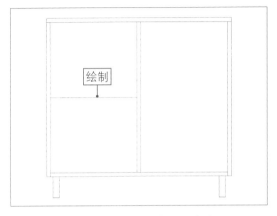

图 10-43　绘制一条水平直线

图 10-44　将水平直线进行上下偏移

步骤 11 执行CO（复制）命令，选择前面绘制的两条水平直线，如图10-45所示。

步骤 12 向右移动鼠标，拾取相应的端点，将左侧的这两条水平直线复制到柜子右侧，如图10-46所示。至此，柜子的剖面图绘制完成。

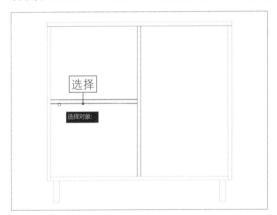

图 10-45　选择左侧的两条水平直线

图 10-46　将水平直线复制到右侧

10.2.2 在布局空间进行标注..

扫码看教程▶

下面介绍在布局空间中进行标注说明的方法，具体操作步骤如下。

步骤 01 进入布局空间，执行MV（视口）命令，绘制一个视口区域，双击鼠标左键进入视口，平移到柜子剖面图的位置，设置视口的缩放比例为1：10，然后调整视口大小，锁定视口，如图10-47所示。

步骤 02 执行D（标注样式）命令，新建一个标注样式，将"主单位"选项卡中的"比例因子"修改为10，如图10-48所示。

图 10-47　绘制一个视口区域

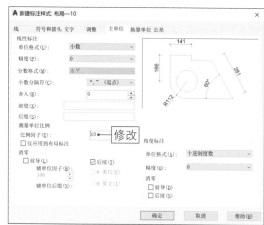

图 10-48　新建一个标注样式

步骤 03 单击"确定"按钮，返回绘图区，执行XL（构造线）命令，绘制垂直构造线；执行REC（矩形）命令，在构造线上绘制一个矩形；执行TR（修剪）命令，修剪矩形外的多余线条，然后删除矩形，留下矩形内的线段；执行QDIM（快速标注）命令，对图形进行标注，然后删除构造线，标注的效果如图10-49所示。

步骤 04 在"默认"选项卡的"注释"面板中，单击"线性"按钮，在图形下方标注总尺寸，如图10-50所示。

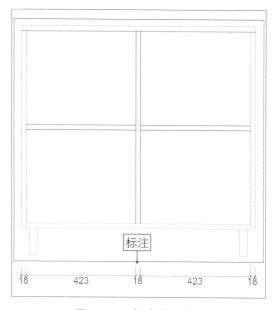

图 10-49　标注图纸尺寸

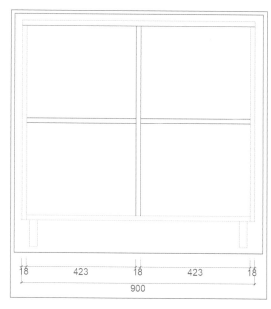

图 10-50　标注总尺寸

步骤 05 用同样的方法，使用XL（构造线）命令、REC（矩形）命令、TR（修剪）命令、QDIM（快速标注）命令以及"线性"按钮，绘制其他标注对象，并为图形标注尺寸。参照第8章的操作方法，在图纸上标注相应的引线与文字，为柜子剖面图添加相关说明，最终效果如图10-51所示。

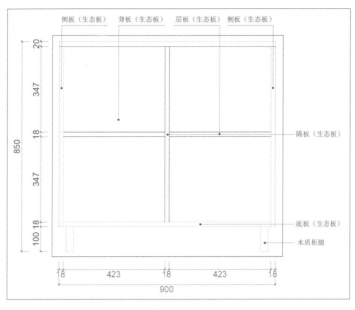

图 10-51　在图纸上标注相应的引线与文字

10.3　绘制吊顶节点图

本节主要讲解吊顶节点图的绘制技巧，它的作用是细化局部的区域结构、细化黑镜局部的安装结构及新建异形视口等，希望读者熟练掌握本节内容。

10.3.1 | 绘制圆形视口节点图..

扫码看教程▶

通过圆形视口可以绘制节点图，下面介绍具体方法，操作步骤如下。

步骤01 在模型空间中复制一张吊顶剖面图，然后进入布局空间，执行C（圆）命令，在吊顶剖面图中绘制一个半径为16的圆，如图10-52所示。

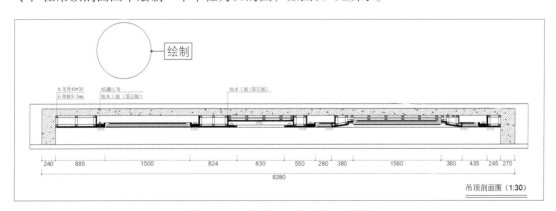

图 10-52　绘制一个半径为 16 的圆

步骤02 选择"视图"|"视口"|"对象"命令，然后选择左侧的圆对象，此时圆就变成了一个视口，双击圆进入视口，放大图形，将其移至合适的位置，这就是本例接下来要画的节点图区域，如图10-53所示。

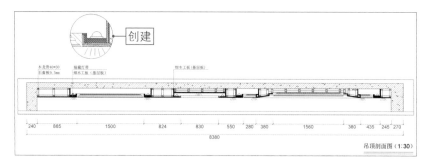

图 10-53 创建视口

步骤03 设置视口的缩放比例为1∶5，然后调整视口大小，锁定视口，如图10-54所示。

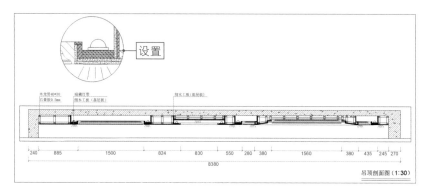

图 10-54 设置视口的缩放比例

步骤04 按【Ctrl+O】组合键，打开一幅素材图形（资源\素材\第10章\钉子.dwg），将其复制并粘贴到节点图中的合适位置；执行RO（旋转）命令，对其进行旋转，如图10-55所示。

步骤05 在右侧合适的位置再次添加两个钉子，执行SC（缩放）命令，可以对图形进行缩放操作，效果如图10-56所示。

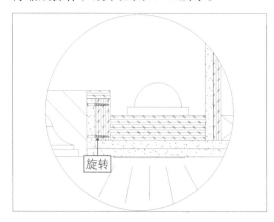

图 10-55 添加钉子并进行旋转

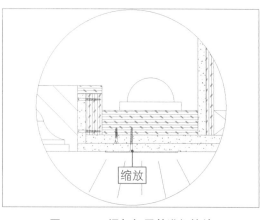

图 10-56 添加钉子并进行缩放

步骤06 用同样的方法，在图形中的其他位置添加钉子图形，以保证层板的牢固性，如图10-57所示。

步骤07 双击圆进入圆形视口，执行O（偏移）命令，将下方的直线向上偏移2，将上方的直线向上偏移1，然后调整钉子图形和图案填充的位置，制作一层乳胶漆，如图10-58所示。

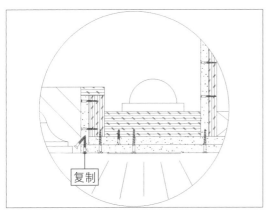

图 10-57 在其他位置添加钉子图形

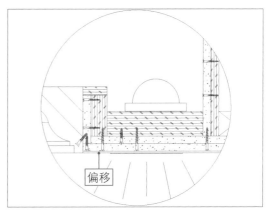

图 10-58 制作一层乳胶漆

10.3.2 在节点图上标注文字与尺寸

扫码看教程▶

节点图绘制完成后，接下来需要在图纸上标注文字与线性尺寸，具体操作步骤如下。

步骤01 执行D（标注样式）命令，新建一个标注样式，将"主单位"选项卡中的"比例因子"修改为5，如图10-59所示。

步骤02 单击"确定"按钮，返回绘图区，执行LE（引线）命令，在圆形视口右侧添加一个引线标注，如图10-60所示。

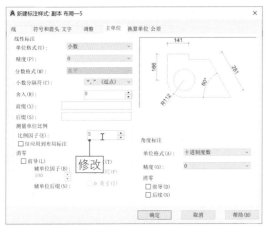

图 10-59 新建一个标注样式

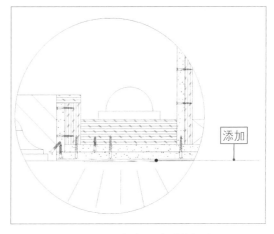

图 10-60 添加一个引线标注

步骤03 执行DTEXT（单行文字）命令，在引线上输入相应的文字内容，如图10-61

所示。

步骤04 用同样的方法，对引线和文字进行多次复制，然后修改文字说明的内容，效果如图10-62所示。

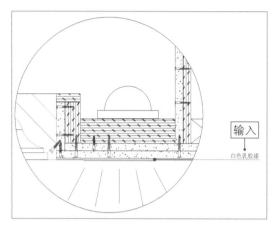 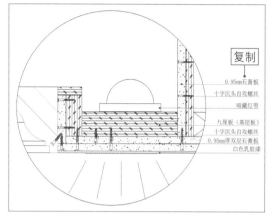

图 10-61　输入相应的文字内容　　　　图 10-62　复制引线与文字内容

步骤05 执行DLI（线性）命令，在圆形视口中的图形上标注相应的尺寸，为节点图添加尺寸说明，如图10-63所示。

步骤06 用同样的方法，执行DLI（线性）命令，在图形中标注其他的线性尺寸，如图10-64所示。

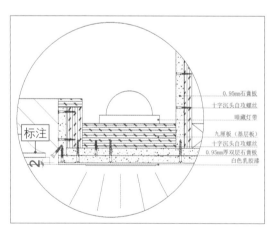 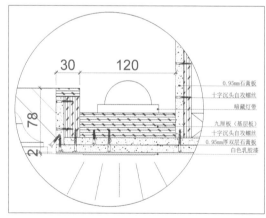

图 10-63　为节点图添加尺寸说明　　　　图 10-64　标注其他的线性尺寸

步骤07 节点图绘制完成后，需要在吊顶剖面图中表示这里画的是哪一块区域。执行C（圆）命令，在剖面图上绘制一个半径为7的圆，如图10-65所示。

步骤08 执行SPL（样条曲线）命令，在圆形视口与半径为7的圆之间绘制一条样条曲线，如图10-66所示。

步骤09 选择绘制的样条曲线，调整节点的位置，使曲线更加美观，如图10-67所示。

步骤 10 在绘图区中，选择样条曲线、圆形视口及半径为7的圆，如图10-68所示。

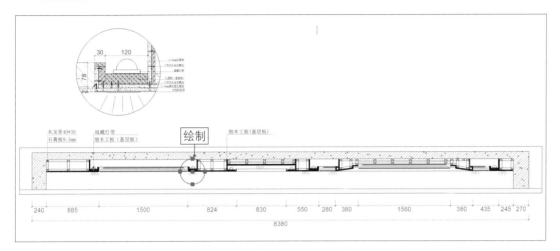

图 10-65　绘制一个半径为 7 的圆

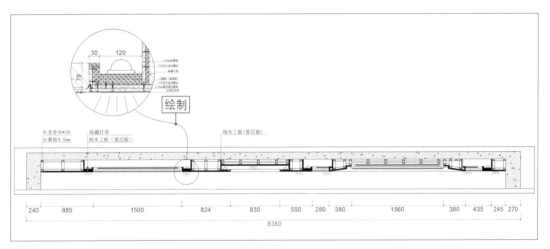

图 10-66　绘制一条样条曲线

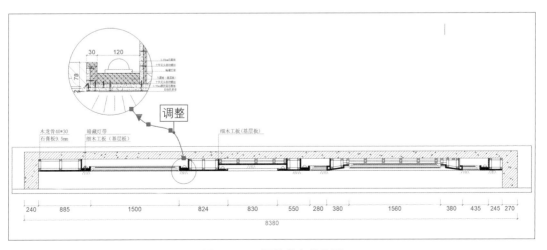

图 10-67　调整节点的位置

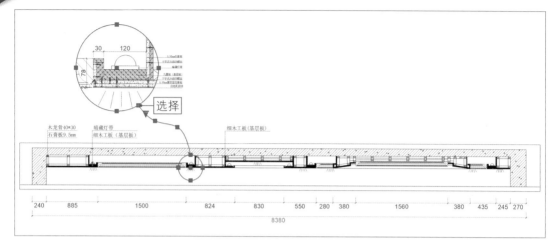

图 10-68　选择 3 个对象

步骤11 在"默认"面板的"特性"选项板中，单击"对象颜色"右侧的下拉按钮，在弹出的颜色面板中选择蓝色，如图10-69所示。

步骤12 单击"线型"右侧的下拉按钮，在弹出的下拉列表框中选择ACAD_ISO03W100虚线样式，如图10-70所示。

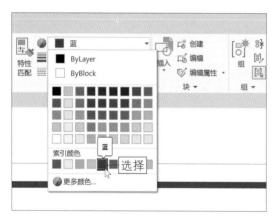

图 10-69　在颜色面板中选择蓝色

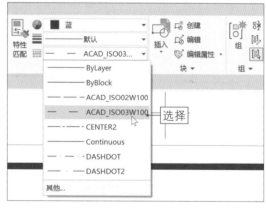

图 10-70　选择相应的虚线样式

步骤13 按【Ctrl+1】组合键，弹出"特性"面板，如图10-71所示。

步骤14 在该面板中，设置"线型比例"为0.05，如图10-72所示。

步骤15 至此，剖面节点图绘制完成，效果如图10-73所示。大家学完以后可以举一反三，绘制出其他的剖面节点图效果。

图 10-71 弹出"特性"面板

图 10-72 设置"线型比例"

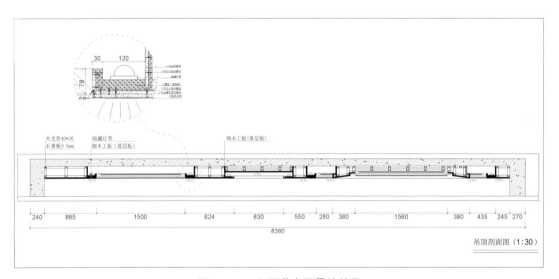

图 10-73 剖面节点图最终效果